WIESENBAUER ■ **WIR SCHAFFEN DAS!**

Change Management mit System

Ludwig Wiesenbauer

WIR SCHAFFEN DAS!

Veränderungen erfolgreich in Gang setzen

BELTZ

Über den Autor:
Dr. Ludwig Wiesenbauer, Dipl.-Ing., Jg. 1957, war viele Jahre Organisationsberater und Seminarleiter in einem Großunternehmen. Er arbeitet nun freiberuflich als Trainer und Berater in Berlin. Schwerpunkte: Führung, Change Management, Verhandlungstechnik.

Lektorat: Ingeborg Sachsenmeier

www.beltz.de
Satz und Herstellung: Nancy Püschel
Druck: Druck Partner Rübelmann, Hemsbach
Zeichnungen: Dorit David, Hannover
Umschlaggestaltung: Nancy Püschel
Printed in Germany

ISBN 978-3-407-36477-7

Inhaltsverzeichnis

Die Ankunft

Die Wolken über dem Himmel von Kleinberghofen hatten sich vollständig zugezogen. Sie bildeten den passenden Rahmen für das, was soeben passierte.

Im Grunde hätte sich Peter Enders denken können, dass hier nicht alles glatt laufen würde. Schon wie er gestern hier in der kleinen Brauerei empfangen wurde, spottete wirklich jeder Beschreibung. Peter Enders, MBA, wurde von einer großen belgischen Brauereikette als Projektleiter benannt, den Integrationsprozess mit der neu erworbenen kleinen Brauerei voranzutreiben.

Für die belgische Brauerei handelt es sich bei diesem Projekt eher um eine zweitrangige Aktivität, weshalb Peter Enders auch nur widerwillig die Aufgabe übernahm. Er wusste: Der Umsatz des globalen Konzerns liegt etwa bei dem Fünfhundertfachen dessen, was die kleine Brauerei hervorbringt.

> Bei der kleinen Brauerei handelt es sich um die Kleinberghofener Dunkelbräu GmbH, die, wie der Name sagt, ausschließlich Dunkelbier herstellt, welches in der Region sehr beliebt ist. Das Bier gibt es schon seit fast 300 Jahren. An dem Herstellungsverfahren hat sich seit der Gründung nicht viel geändert, lediglich die Maschinen wurden im Laufe der Zeit erneuert und verbessert. Der Herstellungsprozess blieb über die Jahre unangetastet und natürlich wurden entsprechend dem Reinheitsgebot nur Hopfen, Malz und Wasser verwendet.

Auf dieses Dunkelbier waren die Beschäftigten der Brauerei sehr stolz. In den umliegenden Wirtschaften wurde ausschließlich Kleinberghofener Dunkelbier ausgeschenkt. Alle Bewohner der Gegend rühmten den unvergleichlich herben Geschmack dieses dunklen Bieres.

Leider war dieser Brauerei in den letzten Jahren kein großer ökonomischer Erfolg beschieden. Im Gegenteil: Der Umsatz ging kontinuierlich zurück und die Kosten stiegen und stiegen. So war es kein Wunder, dass die Brauerei bald um ihr Überleben kämpfen musste. Das wollten aber weder die Mitarbeiter noch der damalige Chef wirklich wahrhaben. Was über drei Jahrhunderte erfolgreich produziert und verkauft wurde, würde auch die nächsten drei Jahrhunderte Bestand haben, so dachte man in den Hallen der Kleinberghofener Dunkelbräu GmbH.

Dabei sprachen die Fakten eine eindeutige Sprache. Die Kreditlinie der Bank wurde immer mehr gekürzt, und es hätte kein halbes Jahr mehr gedauert und die Brauerei wäre in Konkurs gegangen. Eigentlich hätten sich alle Mitarbeiter glücklich schätzen müssen, dass der belgische Konzern die Brauerei übernehmen wollte. Schließlich konnte sie so vor dem sicheren Aus bewahrt werden.

Die Realität war jedoch eine völlig andere. Als Peter Enders gestern mit einem Taxi auf den Hof der Brauerei fuhr, wurde er wüst beschimpft. Die Mitarbeiter hatten sich versammelt und wilde Parolen von sich gegeben: »Wir sind kein Kanonenfutter!«, »Wir bleiben und unser Bier bleibt!«, »Globalisierung – nein danke!«.

Einige Teilnehmer hatten sogar Plakate gemalt, auf denen große Heuschrecken zu sehen waren. Diese Plakate warfen sie dann auf den Boden, um anschließend darauf herumzutrampeln. Es lagen Hass, Ablehnung und Angst in der Luft, wie man es so geballt nur selten findet. Peter Enders hatte zwar nicht erwartet, dass er als großer Retter empfangen würde, aber diese Ablehnungsfront hat ihn denn doch sehr überrascht.

Diese Heuschreckenplakate waren aus seiner Sicht völlig fehl am Platz. Er vertrat ja keinen anonymen Finanzinvestor, der ein Unternehmen kauft, gesundschrumpft und dann wieder weiterveräußert. Im Gegenteil, er beziehungsweise die belgische Großbrauerei wollte diese kleine Brauerei integrieren und ihr so zu neuem Wachstum und Aufschwung verhelfen, natürlich im Rahmen der eigenen Expansionspläne mit entsprechender Rendite. Aufgrund dieses Empfangs hätte er eigentlich gewarnt sein müssen, als er am Nachmittag die erste große Informationsveranstaltung ansetzte. Aber was sollte er machen? Er hatte klare Vorgaben von seinem Konzern, und er wollte offen und ehrlich mit den Mitarbeitern diskutieren, genau so, wie er es im Rahmen seiner Ausbildung in der Business School gelernt hatte.

Es waren nahezu alle Mitarbeiter gekommen. Die vorgesetzten Teamleiter bildeten ein Grüppchen für sich. Da war zunächst der kaufmännische Leiter, Herr Markmann, der sich mit dem Qualitätsingenieur, Herrn Dr. Klingbeil, angeregt unterhielt. Der langjährige Braumeister, Herr Schulte, tauschte sich mit dem Fuhrparkleiter, Herrn Klawuttke, aus. Frau Sikorsky, die den Personalbereich verantwortete, stand etwas verloren zwischen den Herren und schien eher mit sich selbst beschäftigt zu sein.

Um ein wenig Vertrauen zu gewinnen, stellte sich Herr Enders sehr persönlich vor. Er sprach von seinen Hobbys, seiner wirklich guten Ausbildung und seinen Berufserfahrungen, die er in verschiedenen Ländern Europas gemacht hatte, und sogar von seinem persönlichen Ziel, demnächst einen weiteren Karriereschritt in der Konzernzentrale machen zu wollen.

Es half aber alles nichts, das Eis konnte nicht gebrochen werden. Nachdem die ersten zehn Minuten noch vergleichsweise ruhig abliefen, wurde es danach im Saal immer unruhiger. Bald konnte man sein eigenes Wort kaum noch verstehen. Im Grunde hätte Enders sagen können, was er wollte, er wäre hier auf keinen grünen Zweig gekommen.

Er hätte sich wenigstens von der Führungsmannschaft etwas mehr Unterstützung erhofft, aber dieser Personenkreis schwieg wie ein Grab. Lediglich Herr Klawuttke vom Fuhrpark brüllte ab und zu in die Runde, dass es eine Schande sei, unser gutes, schönes Dunkelbier irgendwelchen Profitgeiern zu opfern.

Als dann offiziell die Diskussion von Herrn Enders eröffnet wurde, redeten längst alle durcheinander. Immer wieder wurde die Qualität des Bieres beteuert, der außergewöhnliche Hopfen ins Spiel gebracht, der halt nur in dieser Gegend wachse, und es wurde die spezielle, etwas altertümliche Flasche mit dem Keramikverschluss erwähnt, der zu Kleinberghofen gehöre wie das Amen zur Kirche. Schließlich meldete sich Herr Schulte zu Wort: »Als Braumeister habe ich nunmehr 40 Jahre dieser Firma gedient. Ich habe schöne und schlechte Zeiten erlebt. Niemals habe ich jedoch daran gezweifelt, dass wir dieses Bier auch in der nächsten und übernächsten und überübernächsten Generation genauso brauen werden, wie wir es zurzeit tun.« Seine kleine Rede wurde von heftigem Johlen und dem Beifall der Mitarbeiter unterbrochen.

Dann fuhr er fort: »Wir alle kennen das Bild unseres Firmengründers, das in der Eingangshalle hängt. Wir alle sind ihm zu Dank verpflichtet, dass er diese Firma gegründet hat. Jetzt haben wir die Chance, ihm diesen Dank zurückzuzahlen. Wir werden sein Erbe erhalten, komme, was wolle.«

Nun schien es Enders wieder angebracht, das Wort zu ergreifen. Er versuchte, auf die bessere Marktposition eines Global Players hinzuweisen, er sprach von Strategien in einem globalen Markt, von der Tatsache, dass jede Krise auch eine Chance sei, und von einer durch Wachstum und Innovation geprägten Zukunft.

Das Problem war nur, dass ihm wirklich keiner mehr zuhörte. Schließlich verlor Enders gänzlich seine Haltung und er brüllte in die Menge: »Was glauben Sie denn, warum ich jetzt hier bin? Weil Sie in einem erfolgreichen Unternehmen arbeiten, das aus eigener Kraft am Markt bestehen kann? Gewiss nicht! Ich bin hier, weil es die letzte Chance für den Laden hier ist, sich mit einem großen Partner zusammenzutun. Sie haben hier keine eigene Marketingabteilung, keine Personalentwicklung, keine Strategieabteilung – gar nichts!«

Die Stimmung war weiterhin sehr schlecht, aber wenigsten waren die Teilnehmer jetzt etwas ruhiger und Enders polterte weiter: »Was meinen Sie wohl, warum bestimmte Biermarken so erfolgreich sind? Das liegt doch nicht am Geschmack, das liegt an der Werbung. Und glauben Sie denn nicht, dass sich der Geschmack mit der Zeit auch ändern kann? Es gibt heute immer breitere Zielgruppen, die gerne Bier trinken. Aber nicht nur diese einfache Standardsuppe, sondern Light-Beer, Bier ohne Alkohol, Bier mit Zitronengeschmack usw. Wenn sich der Markt ändert, müssen Sie sich auch ändern. Nur so überleben Sie, so begreifen Sie das doch!«

Erst langsam beruhigte sich Enders wieder. Schon glaubte er, die Veranstaltung wieder mehr in den Griff zu bekommen, da merkte er, wie einer nach dem anderen den Saal verließ. Bald war er nahezu alleine im Saal. Im Gehen rief ihm Braumeister Schulte noch zu: »Dafür entschuldigen Sie sich, unser schönes Dunkelbier als Standardsuppe zu bezeichnen. Dafür werden Sie sich entschuldigen.«

Enders war sichtlich betroffen. Er blieb noch einige Zeit für sich alleine auf dem Podium sitzen und sinnierte vor sich hin. Er konnte nicht glauben, was er eben erlebt hatte. So viel Hass und Unverständnis waren ihm noch nie im Leben entgegengeschlagen. Wie sollte er ein Unternehmen integrieren, dessen Mitarbeiter aus seiner Sicht nur auf Krawall gebürstet waren? Er merkte erst nach einiger Zeit, dass Frau Sikorsky, die Personalchefin, als Letzte noch im Raum verblieb. Sie sprach Enders an: »Das haben Sie sich wohl anders gedacht, was? Sie müssen wissen, die Menschen hier lieben ihr Bier, und ganze Familiengenerationen haben damit ihr Einkommen erzielt. Und jetzt haben sie Angst, dass ihnen auf einmal alles weggenommen wird. Das ist doch verständlich, oder?«

Enders wollte gerade wieder ausholen und von globalen Strategien erzählen, als er sich selbst zurücknahm, weil er einsah, dass es in dieser Form offensichtlich keinen Sinn hatte.

Frau Sikorsky schickte sich nun an, ebenfalls den Saal zu verlassen, nicht ohne Herrn Enders einen Ratschlag zu erteilen: »Sie wissen sicherlich viel über moderne Unternehmensführung, aber beleidigen Sie nicht die Mitarbeiter. Wenn Sie ihr Bier schlecht machen, machen Sie die Mitarbeiter selbst schlecht.«

Enders wusste schon, was sie meinte, den Begriff »Standardsuppe« hätte er sich sparen können. Aber nun war er einmal rausgerutscht. Was sollte er machen? Verwirrt und deprimiert ging er in sein Büro zurück und schloss die Tür hinter sich.

Eine Begegnung besonderer Art

Gerne hätte er jetzt einen Schluck Whiskey getrunken, aber dieser war weit und breit nicht zu entdecken. So saß er noch eine Weile deprimiert alleine in seinem Büro. Es war relativ modern eingerichtet. Von seinem Fenster konnte er Teile des Hofes überblicken. Es gab noch ein Vorzimmer, in dem wohl früher eine Sekretärin residiert hatte. Ja, und dann war da noch diese Holztür, die so gar nicht zur Einrichtung passte.

Man hatte ihm gesagt, dass man durch diese Tür in das alte Turmzimmer gelangte, in dem schon der Firmengründer vor fast 300 Jahren seinen Geschäften nachgegangen war. Es war niemand mehr anwesend, den er fragen konnte, so stieß er eher gedankenverloren gegen diese Tür. Es war eine schwere Holztür, und doch bewegte sie sich ein wenig. Seine Neugier war geweckt. Er stieß die Tür knarrend auf und fand sich daraufhin in einem dunklen, etwas übel riechenden und verstaubten Raum wieder.

Schon wollte er wieder an seinen Schreibtisch zurückkehren, als er diese alte Wendeltreppe wahrnahm. Ein kleines Ungetüm aus altem Holz, nicht übermäßig vertrauenerweckend. Doch gerade das reizte ihn. Sich mit seinem Feuerzeug ein wenig Licht verschaffend, versuchte er, die Treppe zu erklimmen. Es waren steile, ausgetretene Stufen. Sie knarrten erheblich bei jedem Schritt.

Als er oben angekommen war, musste er eine kleine Luke aufdrücken, durch die er endlich in das besagte Turmzimmer gelangte. Auch hier war alles verstaubt, dreckig, und die Luft trug einen erbärmlichen Geruch in sich. Wenigstens war er jetzt nicht mehr auf sein Feuerzeug angewiesen. Ein kleines Fenster versorgte den Raum mit ausreichend Licht. Er wollte es öffnen, um frische Luft hereinzulassen, es gelang ihm aber nicht, das Fenster war viel zu stark verkantet. Wahrscheinlich hatte seit hundert Jahren kein Mensch mehr den Raum betreten.

Sein Anzug war mittlerweile völlig verstaubt und Enders rang nach Luft. Im Grunde gab es hier nichts, wofür es sich lohnte, weiter im Raum zu bleiben. Gerade als er wieder in sein Büro zurückkehren wollte, fiel sein Blick auf eine uralte Bierflasche. Sie sah von der Form her so ähnlich aus wie die Bierflaschen, in die das Dunkelbier abgefüllt wurde, jedoch erkannte er ihr hohes Alter. Diese Flasche stammte aus einer fernen Zeit.

Enders betrachtete die Flasche und nahm sie in die Hand. Sie war jedoch so schwer, dass er sie nicht anheben konnte. Er wischte die Spinnweben fort und versuchte, das Etikett zu lesen, jedoch fand er keines. Auch diese Flasche besaß einen Keramikverschluss, sodass er ohne Werkzeug in der Lage war, sie zu öffnen. Er kam sich plötzlich vor wie als Kind, wenn er verbotenerweise auf dem Dachboden herumstöberte. Er musste eine enorme Kraft aufwenden, um den Keramikdeckel zu lösen. Dann geschah etwas Unglaubliches:

Erst zischte es leise, dann immer lauter, so, als würde ein riesiger Sog entstehen. Er dachte erst, die Flasche stehe unter einem riesigen Unterdruck und würde sich im jetzt geöffneten Zustand vollsaugen. Aber bald erkannte er, dass die Flasche nicht Luft in sich hineinsog, sondern ausstieß. Ein gewaltiger Luftstrom entwich dem Flaschenhals. Enders duckte sich zur Seite weg. Nach und nach bildeten die ausgeströmten Gase eine Figur. Sie zeichnete sich immer deutlicher ab.

Enders stockte der Atem, er kniff sich in den Arm. Er träumte nicht. Vor ihm nahm ein alter Mann nach und nach Form und Gestalt an. Es gab keinen Zweifel, es war der alte Mann, der die Brauerei gegründet hatte. Enders erkannte ihn sofort. Seine markanten Gesichtszüge und sein gewaltiger Bart entsprachen dem Bild in der Eingangshalle. Es gab keinen Zweifel, es war der alte Firmengründer.

Noch immer in der Ecke kauernd, fasste sich Enders langsam ein Herz und stammelte ein paar Worte: »Hallo, hallo, können Sie mich verstehen?« Der Firmengründer oder besser das Luftbild, das ihn repräsentierte, drehte sich um und räusperte sich. »Wer bist du, Jungchen?« Enders kniff sich vorsichtshalber noch einmal, es brachte jedoch nichts. So stammelte er als Antwort seinen Namen und seine Aufgaben hier in der Brauerei.

Obwohl sich Enders ja offensichtlich nur einem Luftbild gegenübersah, so hatte er doch das Gefühl, dass es plötzlich nach Schweiß und Bier roch. Zaghaft fragte er weiter: »Sie sind sicher der Gründer der Brauerei, stimmt das?« Der Flaschengeist blickte auf Enders ein wenig herablassend und antwortete: »Ja, Jungchen, das will ich meinen. Ah, tut das gut, endlich mal wieder aus dem engen Gefäß herauszukommen.«

Langsam bekam Enders wieder etwas Farbe im Gesicht. Sein Unterarm hatte aufgrund der ganzen Kneiferei bereits mehrere blaue Flecken. »Sagen Sie Herr, äh Flaschengeist, kann es sein, dass ich jetzt drei Wünsche frei habe? Oder so?« Er bekam darauf keine Antwort und so bohrte er weiter. »Drei Wünsche wären gut. Erstens würde ich gerne die gesamte Belegschaft hier austauschen, dann würde ich gerne ohne große Probleme dieses Projekt durchziehen und schließlich wäre es nicht schlecht, wenn ich ein paar Sprossen auf der Karriereleiter nach oben klettern würde und ein bisschen mehr Geld verdienen könnte. Was meinen Sie? Das geht doch, oder?«

Die Antwort war grob: »Lass man, Jungchen, wir sind hier nicht in einem Märchen. Zum Ersten: Man kann nicht alles im Leben ändern. Zum Zweiten: Hier könnte ich tatsächlich ein paar gute Tipps geben. Die Erfüllung des dritten Wunsches liegt ja wohl eindeutig bei dir, Jungchen.«

Enders: »Warum zu allem Überfluss nennen Sie mich eigentlich immer Jungchen? Ich habe die besten Ausbildungen, ich habe in Frankreich und den USA studiert und ich habe meinen MBA in England gemacht. Hier bin ich zumindest zeitweise der Chef, also bitte: Ein wenig mehr Respekt wäre schon angebracht.«

Geiste: »Ja, ist ja in Ordnung, Jung…, äh, Herr Enders. Also, was ist? Wollen wir das Projekt gemeinsam stemmen? Wir können sicherlich viel voneinander lernen.«

Enders fühlte sich sichtlich unwohl, dennoch willigte er, wenn auch missmutig, ein. Was blieb ihm denn anderes übrig? Im Moment schien die Karre, wie man so sagt, ja ganz schön in den Dreck gefahren zu sein.

Kapitel 1: Wohin geht die Reise?

Wie man Ziele und deren Einflussfaktoren darstellen kann

Enders verbrachte eine unruhige Nacht. Am nächsten Morgen glaubte er, alles nur geträumt zu haben. Doch die Wendeltreppe, das Turmzimmer und der nach Bier riechende Flaschengeist waren Realität. Gleich nach seiner Ankunft im Büro stürmte er wieder in das Turmzimmer: Er versuchte, dem Flaschengeist die Veränderungssituation zu erläutern. Er erwähnte die prekäre ökonomische Situation der Brauerei, die Schwierigleiten, einen neuen Kredit zu bekommen, und er berichtete von den Veränderungen am Weltmarkt. Enders sprach vom Misstrauen der Mitarbeiter, das ihm entgegenschlug, und er schwärmte von zukünftigen Renditen, internationalen Erfolgen mit neuen Geschäftsmodellen. Nachdem Enders fast eine halbe Stunde doziert hatte, kam nach einer längeren Pause die erste Reaktion des Flaschengeistes: »Oje!«

Etwas ungeduldig erläuterte Enders daraufhin ausführlich seine Erfahrungen vom gestrigen Nachmittag. Er schimpfte auf die Belegschaft und warf ihr mangelndes Interesse an einer Zusammenarbeit vor.

Wieder dauerte es eine ganze Weile, bis sich der Flaschengeist räusperte: »Alleine schaffst du das nicht, Jungchen. Du musst schon die Belegschaft mit ins Boot nehmen.«

Enders war nicht gerade übermäßig zufrieden und sagte ironisch: »Nun, das ist ja eine völlig neue Erkenntnis. Sie schaffen es wirklich, einen komplexen Sachverhalt auf den Punkt zu bringen. Könnten Sie in Ihrer geistigen Güte auch noch erwähnen, wie ich das machen soll, bei diesem Sauhaufen?«

Der Flaschengeist strich sich über seinen Vollbart und begann zu erzählen: »Erst, wenn alle Mitarbeiter das gleiche Ziel haben und die Wirkungszusammenhänge akzeptieren, die zur Erfüllung des

Zieles führen, sollte man mit der eigentlichen Veränderung beginnen. Ich gebe dir mal ein Beispiel.« Der Geist machte es sich an der Decke hängend bequem und er erzählte: »Also, zu meiner Zeit war ich mit einem Tischler befreundet. Der hat hervorragende Bauernschränke hergestellt, erste Qualität, sage ich dir. Er klagte mir aber auch sein Leid: Die Qualität seiner Schränke nahm zu, aber seine Einnahmen wurden weniger.«

Enders klappte sein Laptop auf und checkte seine Mailbox. Er sagte: »Es stört Sie doch nicht, wenn ich parallel zu Ihrer Märchenstunde etwas arbeite, oder?«

Der Flaschengeist schnaubte erzürnt: »Deine blinde Hektik ist ja gerade das Problem. Du arbeitest, ohne den Gesamtzusammenhang zu kennen. Das ist unproduktiv.«

Eingeschüchtert hörte Enders daraufhin dem Flaschengeist weiter zu. Da geschah erneut etwas Unglaubliches: Ein Bleistift bewegte sich wie von Zauberhand über ein Blatt Papier und zeichnete folgende Skizze:

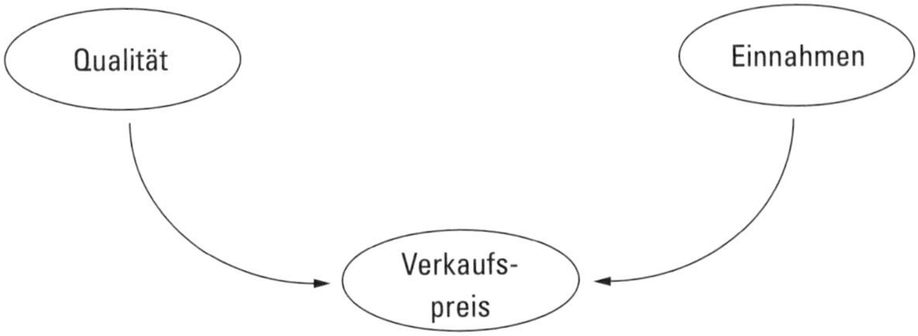

Der Geist erläuterte: »Hier hätten wir den ersten Wirkzusammenhang. Je höher die Qualität der Bauernschränke war, desto höher konnte der Tischler den Verkaufspreis veranschlagen und umso höher waren damit seine Einnahmen. Diesen Zusammenhang hatte der Tischler im Kopf, aber irgendetwas musste noch einen negativen Einfluss auf seine Einnahmen haben, sonst würde es ihm ja nicht so schlecht gehen.« Der Geist fuhr fort: »Der Grund lag in der Zeit. Der Tischler und sein Geselle hatten nur eine begrenzte Arbeitszeit zur Verfügung. Je höher nun die Qualität ihrer Schränke war, desto länger brauchten sie für deren Herstellung, desto weniger

Schränke konnten sie produzieren, desto geringer waren schließlich die Einnahmen.«

Wie von Zauberhand bewegt, begann der Bleistift die bestehende Zeichnung zu vervollständigen.

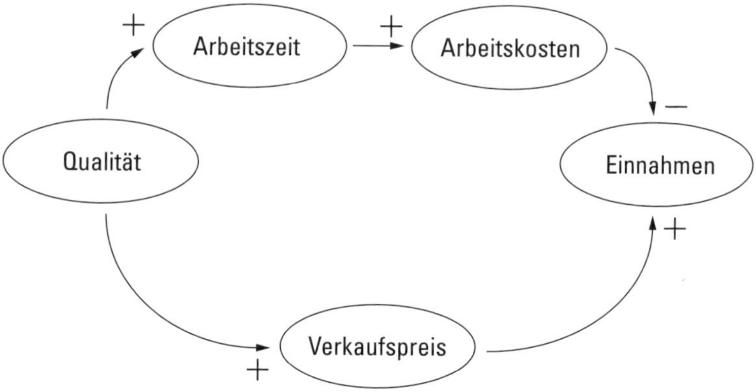

Der Geist erläuterte die Zeichnung im Zusammenhang: »Je höher die Qualität, desto höher ist der Preis, den der Tischler erzielen kann, desto höher sind schließlich seine Einnahmen. Andererseits besteht ein Zusammenhang zwischen der Qualität und der aufzuwendenden Arbeitszeit, welche die Arbeitskosten in die Höhe treibt. Diese Kosten haben wiederum einen negativen Einfluss auf die Einnahmen, deswegen das Minuszeichen.«

Enders machte große Augen. Bevor er sich jedoch äußern konnte, ergriff der Geist wieder das Wort: »Wenn man keinen Blick für den Gesamtzusammenhang hat und keine Nebenwirkungen in Betracht zieht, wird man letztlich falsche Entscheidungen treffen. Wenn du verantwortlich für das Veränderungsprojekt bist, darfst du nicht nur die einzelnen Bäume sehen, sondern den ganzen Wald.«

So ganz verstand Enders immer noch nicht den Zusammenhang dieses Beispiels zu seiner prekären Lage in dem Veränderungsprozess. Der Geist erläuterte: »In einer komplexen Situation denken die Betroffenen oft nur an einzelne Wirkungszusammenhänge, nicht aber an das ganze komplexe System. Es ist deine Aufgabe, ihnen dafür die Augen zu öffnen.« Daraufhin ging der Dialog hin und her.

Enders: »Das habe ich ja versucht.«

Geist: »Du hast dir die Kausalketten herausgesucht, die dir passten. Die Mitarbeiter argumentierten in anderen Kausalketten. Beide hattet ihr recht. Ihr seid aber nicht zusammengekommen, weil niemand die einzelnen Aspekte in einen Gesamtzusammenhang gestellt hat. Jeder sah nur einzelne Bäume, niemand den ganzen Wald.«

Enders: »Mir hat ja niemand zugehört.«

Geist: »Vielleicht hättest du zunächst zuhören sollen. In einem ersten Schritt gilt es zu verstehen. Wenn du die Argumentationslinien der Belegschaft kennst, kannst du sie in deine Gesamtdarstellung einbauen. Auf diese Weise gewinnst du einen Zugang zu den Mitarbeitern, ohne gleich auf Konfrontationskurs zu segeln.«

Zusammenhänge erfassen

Enders plante daraufhin, mit den Führungskräften Einzelgespräche zu führen. Als Erstes sprach er mit Frau Sikorsky. Ganz ruhig bat er seine Gesprächspartnerin, darzulegen, wie ihrer Meinung nach die Belegschaft die Situation sehe.

Etwas skeptisch legte die Personalleiterin los: »Na ja. Die Mitarbeiter sind halt wirklich stolz auf ihr Produkt. Viele sind schon seit Jahrzehnten bei der Brauerei. Sie kennen gar nichts anderes als dieses Dunkelbier. Manche Mitarbeiterfamilien arbeiten schon seit Generationen in der Brauerei. Sie müssen wissen, das ist hier ein kleines Dorf. Da kennt man sich, da kennen sich die Familien, da wechselt man nicht so mir nichts, dir nichts, den Arbeitgeber. Wohin denn auch? Hier in der Gegend gibt es kaum eine vergleichbare Arbeit.«

Enders begann zu zeichnen und fragte nach: »Warum sind die Mitarbeiter denn hier so stolz auf ihr Produkt?« Sikorsky antwortete: »Dieses Bier schmeckt einfach rein und herb. Das ist nicht so ein Billigbier aus dem Supermarkt, das ist ein Qualitätsbier.« Enders fragte weiter, um Ursache und Wirkungen aufzeichnen zu können: »Warum ist denn die Qualität so hoch?«

Die Personalleiterin Sikorsky antwortete: »Was die Qualität im Einzelnen ausmacht, das müssen Sie schon den Braumeister, Herrn Schulte, fragen. Aber ich denke, es sind der außergewöhnlich gute Hopfen, das reine Wasser aus dem Gebirgsquell und die Art der Gärung.«

Enders fuhr fort: »Und was hat es mit diesen eigenartigen Flaschen auf sich?«

Sikorsky schmunzelte: »Diese Flaschen wurden schon immer verwendet. Sie sind quasi ein Markenzeichen dieses Bieres. Ein Besucher bestätigte dies eindeutig, indem er meinte, dass die Geschmacksnerven schon aktiviert werden, sobald man die Flasche in die Hand nimmt. Es gab früher einmal Überlegungen, auf Einwegflaschen umzusteigen. Das wäre sicherlich kostengünstiger, aber nun ja, Qualität hat eben ihren Preis.«

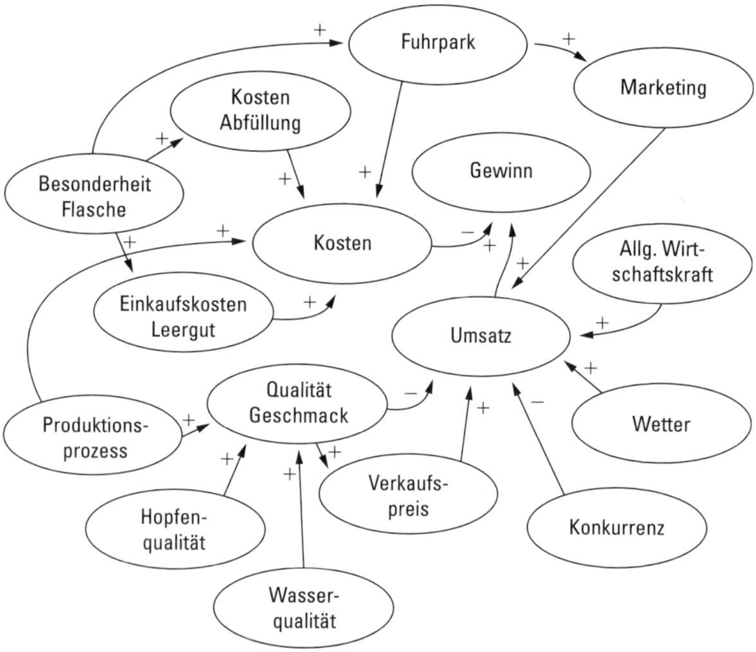

Enders sprach mit anderen Führungskräften, wobei er jeweils seine Zeichnung ergänzte. Von Herrn Klawuttke erfuhr er, dass der

Fuhrpark nicht nur eine logistische Bedeutung habe, sondern durch den Schriftzug an den Lieferwagen auch vertriebsfördernd wirke. Herr Markmann bestätigte, dass der Umsatz zwar positiv durch die Qualität des Bieres beeinflusst worden sei, eine schlechte Wirtschaftslage und die Billigkonkurrenz aus Osteuropa aber die Ursache für die fehlende Nachfrage in letzter Zeit wären.

Nachdem Enders alle Informationen zusammengetragen hatte, präsentierte er seine Zeichnung dem immer noch an der Decke hängenden Geist (s. gegenüberliegende Seite).

Erfasste Zusammenhänge überprüfen

Langsam wabbelte der Flaschengeist in Richtung Zeichnung. Er warf Enders einen anerkennenden Blick zu. Schließlich fragte er: »Hast du hier auch wirklich nichts hinzugefügt? Ich sehe das Element Gewinn. Ich kann mich nicht daran erinnern, dass einer der Gesprächspartner mit dir darüber gesprochen hat.«

Enders war verwirrt. Woher wusste der Flaschengeist, mit wem er was genau besprochen hatte? Jedenfalls gab er unumwunden zu, dass er den Begriff »Gewinn« hinzugefügt hatte. Schließlich war dies ja die entscheidende Kennzahl.

Darauf strich sich der Flaschengeist über den Bart und sagte: »Jetzt hältst du eine Rede, Jungchen. Darin greifst du all diese Beziehungen auf und spiegelst sie der Belegschaft wider. Die Argumente sind ja nicht falsch. Du bringst sie aber in einen Zusammenhang mit dem Ziel der anstehenden Veränderung.«

Enders passte das gar nicht: »Ich soll mich also bei der Belegschaft einschleimen, oder was?«

Doch der Geist besänftigte ihn: »Quatsch. Es geht nicht darum, den Mitarbeitern nach dem Mund zu reden, sondern ihre Denkweise in deine Argumentation einzubauen und so eine größere Akzeptanz zu erzielen. Deine Zeichnung dient dir als idealer *Spickzettel* für deine Rede.«

Ganzheitlich argumentieren

Am nächsten Morgen war es so weit. Kurzfristig wurde eine neue Mitarbeiterversammlung einberufen. Enders hatte sich dieses Mal gut auf seinen Auftritt vorbereitet. Gleich als Erstes entschuldigte er sich für den von ihm kreierten Begriff »*Standardsuppe*«.

Er rühmte die Qualität des Bieres und bekräftigte ihre Bedeutung im Verkaufsprozess. Er zeigte sich einerseits angetan von der außergewöhnlichen Flaschenform und würdigte die Tradition des Unternehmens. Andererseits versäumte er auch nicht, auf die momentan angespannte Umsatzlage hinzuweisen, und hob dabei die Begründungen hervor, die nach Aussage seiner Gesprächspartner zu dem Umsatzrückgang geführt hatten. Es war jetzt merklich ruhiger im Saal. Ab und zu konnte man sogar ein leichtes Kopfnicken wahrnehmen.

Schließlich ging Enders auf die Bedeutung des Gewinns ein. Er sagte: »Der Gewinn ist die entscheidende Kenngröße für die Brauerei. Kein Unternehmen kann es sich leisten, über längere Zeit Verlust zu machen, da mag die Qualität seiner Produkte noch so hoch sein. Die Gewinnsteigerung ist letztlich das Ziel unserer Veränderung.«

Nach seiner kleinen Rede kamen noch einige Zwischenfragen: »Vor allem mit unserer typischen Flasche haben wir doch ein echtes Alleinstellungsmerkmal im ganzen Biermarkt.«

Enders antwortete: »Das ist wohl richtig. Aber gerade weil wir etwas Außergewöhnliches zu vermarkten haben, müssen die Marketingaktivitäten hochgefahren und darauf abgestellt werden.«

Dann kam noch eine Frage nach der ausländischen Billigkonkurrenz. Diese parierte Enders mit dem Satz: »Gerade weil hier ein neuer Konkurrent Ihnen das Leben so schwer macht, brauchen Sie einen starken Partner, wie wir ihn mit dem belgischen Konzern jetzt haben.«

Enders war jetzt nicht mehr auf Konfrontationskurs. Er nahm die Argumente der Belegschaft auf und passte sie in seine Gesamtargumentation ein. Zwar wurden die Mitarbeiter längst noch nicht zu glühenden Befürwortern der Veränderung, aber sie setzten sich zunehmend sachlich mit ihr auseinander.

Es kamen jetzt immer mehr Fragen:

- Bleibt der Standort erhalten?
- Werden Mitarbeiter entlassen?
- Bleibt unsere Biermarke erhalten?
- Was passiert mit dem Fuhrpark?
- Müssen Mitarbeiter an einen anderen Standort wechseln?
- Wer wird hier der nächste Chef?
- Was ist mit unserem Gehalt?
- Bekommen wir unseren Jahresbonus?
- Ändert sich etwas an der Bierformel?

Auf Nachfragen erfuhr Enders, dass jeder Mitarbeiter zum Jahreswechsel zusätzlich zu seinem Gehalt eine bestimmte Menge Bier erhielt. Die Menge berechnete sich nach einer komplizierten Formel: der Bierformel. Einflussfaktoren waren Lebensalter, Dienstalter, Familienstand, Anzahl der Kinder, Gehaltsgruppe, Schwerbehindertengrad und sonstige persönliche Belastungen.

Enders sammelte die Fragen und entgegnete, darauf jetzt keine Antwort geben zu können, alles stünde auf dem Prüfstand, auch die besagte Bierformel. Damit handelte er sich aber gleich den nächsten Ärger mit dem Flaschengeist ein.

Methode: Erfassen der Wirkungszusammenhänge

Ziel dieser Vorgehensweise ist es, alle relevanten Aspekte der Veränderung zu erfassen und grafisch darzustellen, wie sie sich gegenseitig beeinflussen.

■ **Erster Schritt: Definieren Sie die Zielgröße.** Eine Zielgröße wird in der Mitte eines Blattes Papier gezeichnet (zum Beispiel Gewinn). Es können auch mehrere Zielgrößen gezeichnet werden, dann bilden die Zielgrößen ein Zielsystem.

■ **Zweiter Schritt: Einflussfaktoren aufzeigen.**
Tragen Sie alle direkten Einflussfaktoren ein.

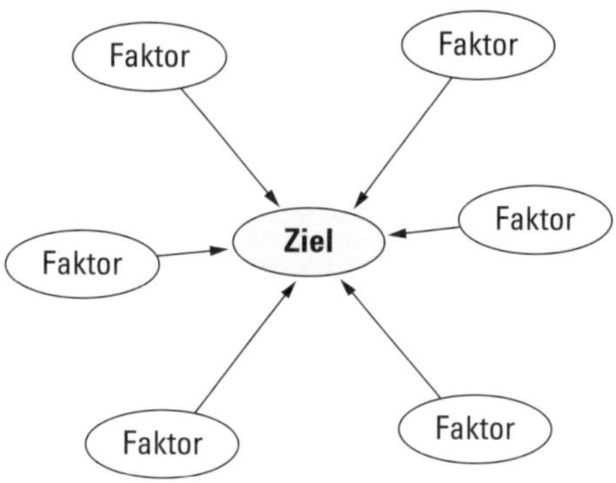

■ **Dritter Schritt: Weitere Einflussfaktoren ergänzen.** Tragen Sie die Einflussfaktoren der Einflussfaktoren ein.

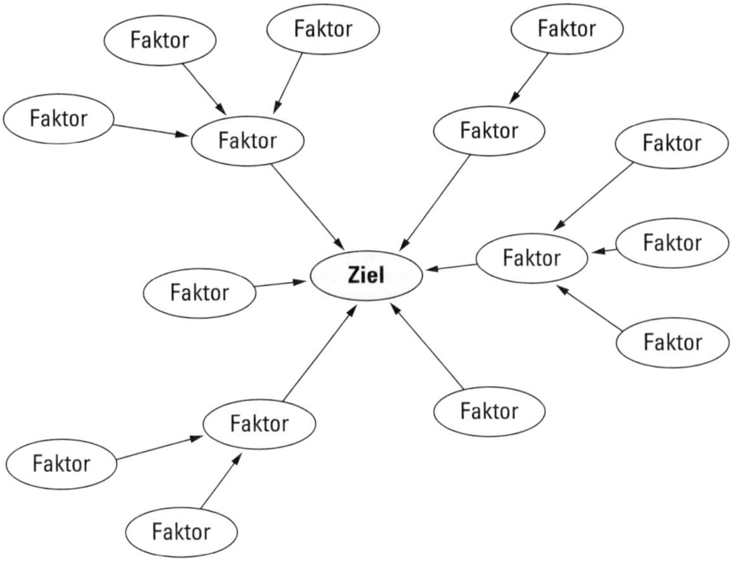

■ Vierter Schritt: Querverbindungen analysieren.
Es werden sämtliche möglichen Querverbindungen eingezeichnet.

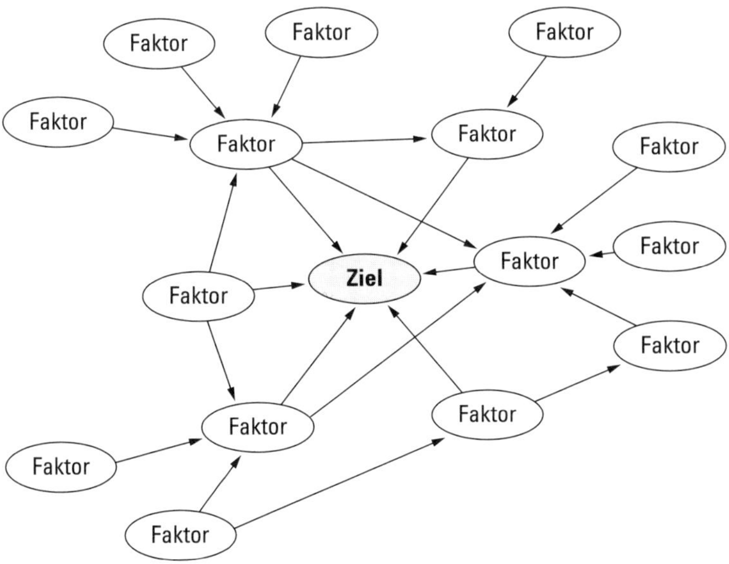

■ **Fünfter Schritt: Einflussfaktoren bewerten.** Es wird definiert, in welcher Form sich die einzelnen Faktoren beeinflussen. Ein Pluszeichen beschreibt einen gleichgerichteten Einfluss, während ein Minuszeichen einen entgegengerichteten Einfluss kennzeichnet.

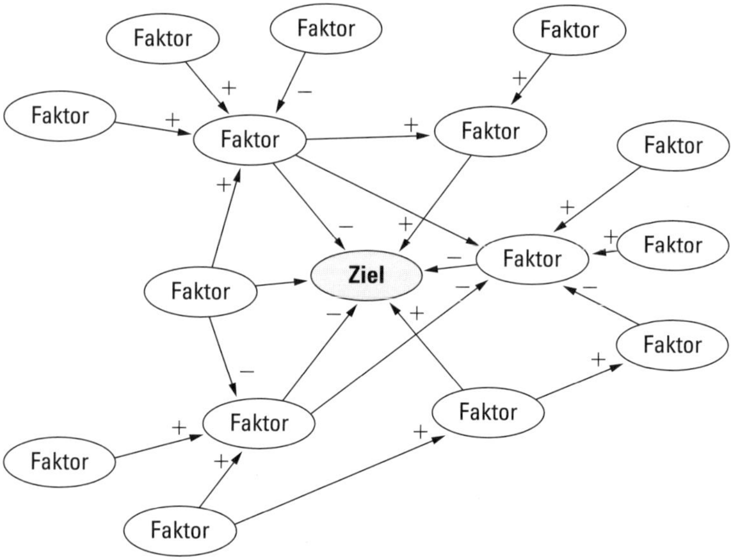

Kapitel 2: Leuchttürme ermitteln

Wie man Angst und Unsicherheit von Anfang an reduziert

Enders wurde vom Flaschengeist wütend empfangen: »Ja, bist du denn total verrückt geworden? Welcher Teufel hat dich denn da geritten, in der jetzigen Situation alles infrage zu stellen. Damit gießt du doch nur weiteres Öl in das Feuer der Verunsicherung.«

Der Geist polterte weiter und wiederholte ironisch die Worte von Enders: »Wir leben in Zeiten der Veränderung, wer nicht mit im Boot schwimmt, der geht unter. Alles ist im Fluss, nichts bleibt, wie es war. Alles steht auf dem Prüfstand.«

Enders hatte Mühe, die hinuntergefallene Kinnlade wieder hochzuziehen. Nur langsam fand er wieder Worte: »Was habe ich eigentlich falsch gemacht? Ich habe doch nur die Wahrheit gesagt: Wir müssen zunächst alles analysieren, dann werden wir sehen, wie es weitergeht.«

Der Flaschengeist widersprach: »Du weißt doch genau, dass einige Sachen längst feststehen. Alle Mitarbeiter suchen in Situationen der Veränderung Fixpunkte, Leuchttürme, an denen sie sich orientieren können. Du überforderst sie einfach, wenn du alles, aber auch alles infrage stellst.«

Enders rechtfertigte sich: »Wir sind hier nicht in einem Sanatorium! So ein wenig Unsicherheit gehört zur modernen Berufswelt dazu.«

Der Geist schaute mit durchdringendem Blick auf Enders, dann hielt er sich beide Hände vor die Stirn und sinnierte: »Ich sehe den jungen Enders, den ganz jungen Enders, wie er zur Schule geht, wie er seine Mitschüler verpetzt, um einen guten Eindruck bei seinem Lehrer zu machen.« – »Das hat doch nichts mit dem Veränderungsprozess zu tun!«, protestierte Enders.

Doch der Geist fuhr fort: »Ich sehe den jungen Enders in seinen kurzen Hosen. Er wird von seinen Mitschülern verprügelt und als Petze beschimpft. Er hat Angst, in die Schule zu gehen, weil ihm weitere Prügel angedroht worden waren.«

Enders wurde es peinlich: »Lassen Sie doch diese alten Geschichten. Was wollen Sie denn damit ausdrücken?«

Geist: »Ich wollte dem Herrn Enders, MBA, nur einmal in Erinnerung rufen, welche Bedeutung Angst und Unsicherheit haben können. Diese Gefühle lähmen die eigenen Aktivitäten. Sie haben auch deswegen eine so große Wirkung, weil sie sich nicht auf einen Zeitpunkt beziehen, sondern auf einen Zeitraum, das bedeutet: Sie sind ein ständiger Begleiter der Betroffenen.«

Enders fühlt sich jetzt wirklich wie ein ertappter Schuljunge. Im gleichen Moment setzte sich wieder der Bleistift in Bewegung und zeichnete folgendes Diagramm:

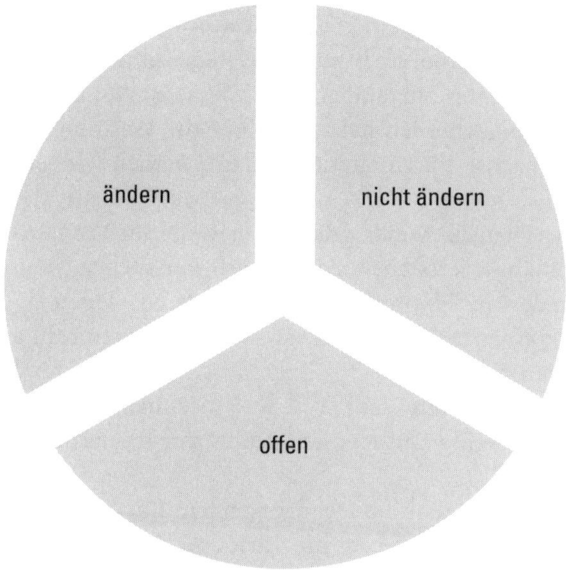

Diese Zeichnungen strengten den Flaschengeist sehr an. Nachdem er sich etwas erholt hatte, hämmerte er gleich wieder auf Enders ein: »So, das sind drei Bereiche. Jetzt kannst du jede Information in diese Bereiche eintragen. Mit dieser Strukturierung bist du besser auf die Fragen der Belegschaft vorbereitet. – Du weißt genau, dass die meisten Bereiche der Brauerei erhalten bleiben sollen. Das musst du den Betroffenen doch sagen, sonst verunsicherst du ohne Grund die Mitarbeiter.«

Und wieder entspann sich ein heftiger Dialog:

Enders: »Aber es können doch gar nicht alle Bereiche erhalten bleiben.«

Geist: »Wenn du genau weißt, bestimmte Mitarbeiter müssen freigesetzt werden, dann musst du sie so früh wie möglich informieren. Andernfalls fühlen sich die Mitarbeiter doch ver…, na, zum Glück wissen Flaschengeister sich zu benehmen.«

Enders fühlte jetzt langsam etwas Oberwasser: »Sie meinen also, wenn zum Beispiel bestimmte Arbeitsplätze definitiv wegfallen, dann soll ich das den Mitarbeitern einfach so sagen?«

Geist: »Wenn du es nicht tust, bist du feige.«

Enders: »Das sind Menschen und keine Maschinen. Denen kann man doch nicht gleich zu Anfang des Prozesses auf den Kopf zu sagen, dass sie nicht mehr gebraucht werden.«

Geist: »Wenn du es nicht tust, bist du feige.«

Enders: »Auf einmal zeigt der Herr Flaschengeist seine kühle Seite. Das ist doch demotivierend. Ein Mitarbeiter, der weiß, dass er nicht übernommen wird, rührt doch keinen kleinen Finger mehr.«

Geist: »Wenn du es nicht tust, bist du feige.«

Enders: »Jetzt sagen Sie doch nicht immer dasselbe. Meinen Sie denn, mir fällt es leicht, Mitarbeitern so mir nichts, dir nichts das Kündigungsschreiben in die Hand zu drücken?«

Geist: »Aha, daher weht der Wind. Du machst dir also mehr Sorgen um dich. Jetzt hör mal zu. Das Wichtigste ist, dass du die Mitarbeiter ernst nimmst. Und dazu gehört es, ihnen keine Informationen vorzuenthalten. Wenn ein Mitarbeiter die Firma verlassen muss, dann ist es für alle Beteiligten besser, er erfährt es so früh wie möglich. Der Mitarbeiter hat so mehr Zeit, sich um einen neuen Job oder um eine Weiterbildung zu kümmern, und auch die Firma hat mehr Zeit, etwas für den Mitarbeiter zu tun.«

Enders wendete noch halbherzig ein: »Wird dadurch nicht das gesamte Betriebsklima vergiftet?«

Doch der *Geist* schnaubte zurück: »Blödsinn. Das Klima würde vergiftet werden, wenn man hier keinen klaren Schnitt produziert. Dann würden alle Mitarbeiter in einer Unsicherheit leben, in der nur noch gejammert und geklagt werden würde.«

Enders versuchte es auf die höfliche Art: »Lieber Herr Flaschengeist, so ein Veränderungsprozess ist nun einmal eine Gleichung mit vielen Unbekannten. Woher kenne ich denn bitte die Elemente, die sich nicht ändern?«

Geist: »Na, fangen wir doch mal mit dem Produkt an, unserem geliebten Dunkelbier. Soll das weiter produziert werden, ja oder nein?«

Enders: »Unter bestimmten Bedingungen, ja. Vorausgesetzt allerdings, wir machen damit keinen Verlust. Man müsste neue Kundenkreise erschließen und wir müssen in jedem Fall mit den Kosten runter. Nur so können wir die Unterstützung in der Zentrale finden. Es ist leider alles möglich. Ich kann auch nicht ausschließen, dass die Bierproduktion eingestellt wird.«

Der Flaschengeist wabbelte in eine andere Zimmerecke und sagte süffisant: »Das war elegant formuliert. Nur keinen Fehler machen, sich immer eine Hintertür offenhalten. Natürlich kann immer irgendetwas passieren. Zum jetzigen Zeitpunkt liegen deine Anstrengungen jedoch darin, das Bier profitabel zu machen, das heißt, du willst es erhalten, also fällt es in die Kategorie ›nicht ändern‹! Hast du das der Belegschaft so mitgeteilt?«

Enders stammelte: »Nun, äh, in gewisser Weise, äh, ließe sich dies quasi implizit aus meinen Worten … also wenn man zwischen den Zeilen liest …«

Geist: »Jungchen, mach das jetzt ganz schnell, aber ganz schnell!«

Enders wollte gerade aufbrechen, da bewegte sich erneut der Bleistift und zeichnete eine Tabelle. Er blickte auf die Tabelle und füllte sie nach bestem Wissen und Gewissen aus.

	ändern	nicht ändern	offen
Produkt		Dunkelbier	
Prozesse		Komponenten der Bierherstellung	Modernisierung des Herstell-verfahrens
Bereiche	Fuhrpark abschaffen		
Lieferanten		Hopfenlieferant	Größere Bestellmengen Neuer Lieferant für Leergut
Kunden	Neukunden-gewinnung Gaststätten Supermärkte	Alte Kunden	Gegebenenfalls günstigere Abnahme-verträge
Marketing	Werbung Direktmarketing Sponsorensuche		
Personal-abteilung	Abrechnungs-verfahren des Konzerns	Mitarbeiter	
Rechtsform	Eingliederung in den Konzern	Name des Bieres	
Standort		Kleinberghofen	
Finanzierung	Neuer Kredit-geber		
Mitarbeiter	Auflösung des Fuhrparks Reduktion der Mitarbeiter bei der Bier-produktion		Mitarbeiter im Bereich Marketing/Vertrieb ein-stellen
Regeln		Bierformel	

Personalmaßnahmen schnell kommunizieren

Enders tat sich schwer mit dem Eintragen der relevanten Informationen. Er musste sich selbst mehrfach beruhigen, indem er immer wieder zu sich sagte, dass es eben nur die Erkenntnis zum jetzigen Zeitpunkt sei. Als er abschließend über die Tabelle blickte, war er erstaunt, wie viele Dinge doch konstant bleiben sollten.

Natürlich sollte der Standort erhalten bleiben, deswegen war er nach Kleinberghofen gekommen. Natürlich hätte er in der gestrigen Versammlung bestätigen können, dass die Bierformel erhalten bleibe. Es ärgerte ihn jetzt, dass er alles offengelassen hatte.

Es war dennoch unumgänglich, die Kosten zu reduzieren. Dazu sollte der Fuhrpark aufgelöst werden. Die hohen Personalkosten waren einfach nicht akzeptabel für den Konzern in Belgien. Er bat Frau Sikorsky in sein Büro. Frau Sikorsky ahnte schon, worum sich das Gespräch drehen würde. Sie war zunächst sehr erleichtert, dass die Bierproduktion an dem Standort erhalten bleiben sollte.

Dann sagte Enders: »Ich will hier gar nicht groß herumreden, wir haben nur dann eine Chance, wieder Gewinn zu erwirtschaften, wenn wir die Personalkosten reduzieren. Aufgrund meiner Erfahrung schlage ich vor, dass wir dies den Betroffenen so schnell wie möglich mitteilen. Lieber ein sauberer Schnitt als eine dauernde Unsicherheit. Sehen Sie, Frau Sikorsky, indem Sie der Belegschaft mitteilen, wer das Unternehmen verlassen muss, teilen Sie ihr gleichzeitig auch mit, wer im Unternehmen bleibt. Haben Sie daran schon einmal gedacht?« Enders spürte plötzlich einen stechenden Schmerz in seinem Kopf, der offensichtlich durch den Flaschengeist erzeugt wurde.

Sie holten Herrn Klawuttke, den Leiter des Fuhrparks, und Herrn Schulte, den Braumeister, zu dem Gespräch. Enders wusste, dass er jetzt klar Schiff machen musste, um in der Metapher des Leuchtturmes zu bleiben. Er wandte sich Herrn Klawuttke zu: »Mit Veränderungen gehen Ängste und Unsicherheiten einher. Ich habe es mir zur Aufgabe gemacht, die Unsicherheit so gering wie möglich zu halten. Leider müssen wir in Zukunft auf den Fuhrpark verzichten. Das trifft Sie jetzt sicher hart, aber wenigstens brauchen Sie sich jetzt nicht mehr unsicher zu fühlen.«

Frau Sikorsky schüttelte nur den Kopf über eine derart unsensible Gesprächsführung und Enders spürte wieder einen stechenden Schmerz in seinem Kopf.

Herr Klawuttke war dagegen erstaunlich gefasst, obwohl doch sein gesamter Bereich eingespart werden sollte. Er atmete tief durch und starrte aus dem Fenster. Dann murmelte er: »Na ja, was muss, das muss. Es geht hier ja gar nicht so sehr um mich. Ich gehe nächstes Jahr ohnehin in Rente. Aber meine Mitarbeiter, das sind noch junge Kerle. Ich weiß nicht, wie die das verkraften werden.«

Frau Sikorsky sicherte Herrn Klawuttke ihre Unterstützung zu. Die Mitarbeiter würden für einen bestimmten Zeitraum weiter Gehalt beziehen, ohne am Arbeitsplatz anwesend sein zu müssen. Sie hätten so Zeit, sich um eine neue Beschäftigung zu bemühen. Daneben würden sie durch Weiterbildungsmaßnahmen unterstützt werden. Außerdem werde man im Konzern versuchen, für die Mitarbeiter im Konzern eine neue Position zu finden.

Herr Klawuttke überlegte noch, auf welche Weise er seine Mitarbeiter informieren würde. Er bestand jedoch darauf, diese Aufgabe selbst zu übernehmen, von Angesicht zu Angesicht. Enders stimmte diesem Vorgehen erleichtert zu.

Am Abend rief Enders nun bereits zum dritten Mal eine Mitarbeiterversammlung ein. Er erläuterte den aktuellen Sachverhalt und verkündete nicht ohne Stolz, dass der Standort, die Bierproduktion und die Bierformel nicht verändert werden würden.

Nach diesen eloquenten Worten blickte er in die Gesichter der Anwesenden. Statt des erwarteten stürmischen Applauses nahm er Ablehnung und Desinteresse wahr. Manche Mitarbeiter zeigten durch ihre Körperhaltung, dass sie sich nichts sagen lassen würden, andere machten Witze und lachten unangemessen. Kurz: Enders hatte immer noch nicht das Gefühl, einen Draht zu seinem Publikum aufgebaut zu haben. Immerhin gelang es ihm, die eine oder andere Unsicherheit von den Schultern der Belegschaft zu nehmen.

Beim Verlassen seines Büros dachte er an seine Schulzeit zurück. Es stimmte, die Unsicherheit war damals das Schlimmste. Komisch, so dachte er, für jede Tat konnte man gerichtlich zur Rechenschaft gezogen werden, für die Verbreitung von Unsicherheit gibt es nicht einmal einen Anklagepunkt.

Methode: Matrix der Veränderung

Ziel dieser Methode ist es, in möglichst allen relevanten Themenbereichen Aussagen zu treffen, was verändert wird und was bestehen bleibt.

■ **Erster Schritt: Neutrale Stellung einnehmen.** Versuchen Sie, eine Sichtweise einzunehmen, die es ihnen erlaubt, den anstehenden Veränderungsprozess neutral von außen zu betrachten.

■ **Zweiter Schritt: Themenbereiche festlegen.** Überlegen Sie sich sämtliche Aspekte, die mit der Veränderung zu tun haben könnten, und tragen Sie diese in die linke Spalte einer Tabelle ein. Prüfen Sie die Spalte auf Vollständigkeit.

■ **Dritter Schritt: Planungen eintragen.** Bewerten Sie nun die Elemente danach, ob sie verändert werden, konstant bleiben oder ob diese Frage noch offen ist. Legen Sie sich so weit wie möglich fest. Betrachten Sie nicht, was grundsätzlich alles passieren könnte, sondern was zum jetzigen Zeitpunkt geplant ist. Tragen Sie in die entsprechenden Felder der Matrix möglichst konkrete Aussagen über geplante Maßnahmen ein.

	ändern	nicht ändern	offen
Produkt			
Prozesse			
Bereiche			
Lieferanten			
Kunden			
Marketing			
Personalabteilung			
Rechtsform			
Standort			
Finanzierung			
Mitarbeiter			

Kapitel 3: Die Augen öffnen

Wie man Betroffenheit durch Individualisierung erzeugt

Enders stürmte die alte Holztreppe empor, trat in das Turmzimmer und schrie etwas flapsig: »Hallo Geist, wo sind Sie?«

Er sah sich um, fand aber nirgendwo den alten Firmengründer. Schließlich entdeckte er ihn, als dieser sich direkt unter der alten Lampe rekelte. Es war etwas umständlich für Enders, immer nach oben schauen zu müssen. Trotzdem berichtete er sogleich von seinen Erfahrungen: »Das ist ja ein unglaublicher Haufen. Da gibt man sich alle Mühe, macht Zusicherungen, bittet um Mithilfe, und was passiert? Nichts. Es geht die Herren und Damen Mitarbeiter ja offensichtlich alles gar nichts an. Das prallt alles an denen ab, das berührt sie gar nicht. Aber das wissen Sie wahrscheinlich schon längst alles wieder, oder?«

Der Geist machte den Eindruck, als ob er an der Decke geschlafen hätte und sich erst langsam in den Wachzustand begeben müsste: »Tja, wenn du immer wieder solche Sprüche fallen lässt: *Wir müssen jetzt in die Hände spucken …, entweder wir verändern oder wir werden verändert …*, Jungchen, Jungchen.«

Enders verstand das gar nicht: »Was ist denn daran so schlecht?«

Der Geist ergänzte: »Die Mitarbeiter sind doch längst gegen solche Sprüche abgestumpft. Ständig werden sie damit bombardiert, da ist es kein Wunder, wenn sie diese Äußerungen nicht mehr ernst nehmen. Um wirklich etwas bei der Belegschaft zu erreichen, musst du eine Betroffenheit erzeugen. Das gelingt dir, indem du die Situation individualisierst.«

Enders: »Hä?«

Geist: »Ich meine, du musst das Gefühl vermitteln, dass jeder Mitarbeiter persönlich von einer Sache betroffen ist. Ich gebe dir ein Beispiel: Wir haben heute eine Staatsverschuldung in Höhe von ungefähr anderthalb Billionen Euro in Deutschland. Meinst du, das erzeugt irgendeine Betroffenheit bei den Landsleuten? Mit Sicherheit nicht. Bestenfalls wird rational darüber diskutiert, auf welchem Weg man diese abbauen kann. Aber emotional aufgewühlt ist da niemand. Ganz anders sieht die Situation an der Tankstelle aus. Wenn dort der Preis um ein paar Cent steigt, ist die Erregung groß. Hier wird man aber auch individuell zu Kasse gebeten.«

Enders begann zu verstehen, worauf der Geist hinauswollte, und versuchte, ein eigenes Beispiel beizusteuern. Als er neulich in der Bahn fuhr, wurde ein Mädchen von einer Gruppe Jugendlicher drangsaliert. Von den Fahrgästen griff keiner ein. Jeder hatte das Gefühl, dass ein anderer den ersten Schritt machen sollte. Jeder hatte auch eine Begründung für sein Verhalten parat. Entweder saßen andere Fahrgäste näher an dem Tatort oder es gab stärkere Personen in der Nähe oder, oder, oder. Am Ende schritt keiner ein. Wenn dagegen nur ein Fahrgast anwesend gewesen wäre, dann hätte dieser wahrscheinlich sofort eingegriffen. Er hätte dann keine Gelegenheit gehabt, die Verantwortung abzuschieben.

Der Geist hörte aufmerksam zu und fragte: »Was hast du denn in dieser Situation gemacht, Jungchen?«

Enders: »Nun, ich analysierte die Situation und habe mich über die anderen Fahrgäste geärgert.«

Geist: »Prima. So ähnlich sind die anderen Fahrgäste wahrscheinlich ebenfalls vorgegangen. Verantwortung ist nicht teilbar. Nimm nur den Umweltschutz, der ist wichtig, aber nur schwer zu individualisieren. Wenn man sich die Luft über den eigenen Vorgärten kaufen könnte, wäre man in dem Bereich wohl schon sehr viel erfolgreicher.«

Enders wollte sich jetzt nicht mehr von dem Geist weiter belehren lassen. Er wollte das Prinzip der Individualisierung gleich ausprobieren.

Keine Szenarien ausmalen

Enders bestellte Frau Schäfers in sein Büro. Frau Schäfers war eine ältere Frau, die bei Herrn Markmann in der kaufmännischen Abteilung arbeitete. Sie war ihr gesamtes Berufsleben sehr korrekt aufgetreten und wirkte mitunter etwas schüchtern.

Frau Schäfers setzte sich ein wenig ängstlich auf den Gästestuhl, während Enders im Büro hin und her lief und dabei mit einem Zeigestock auf die Innenfläche seiner Hand schlug.

Er begann: »So, Frau Schäfers, schön, dass Sie gleich gekommen sind. Ich würde Ihnen gerne etwas deutlich machen. Sie sind die Erste, die anderen kommen auch noch dran. Sie sind ja nun schon einige Jahre bei der Firma. Stellen Sie sich doch einmal vor, die Brauerei existiert plötzlich gar nicht mehr.«

Schäfers: »Das kann ich gar nicht. Ich bin mit der Brauerei groß geworden. Ich habe fast dreißig Jahre hier gearbeitet.«

Enders: »Jetzt tun Sie doch bitte, was ich sage. Die Brauerei ist weg, plopp. Ihr Arbeitsplatz natürlich auch. Ihr Einkommen, einfach weg, plopp. Ihre Arbeitskontakte, alle weg, plopp.«

Schäfers: »Was wollen Sie denn bloß von mir?«

Enders: »Ich will Ihnen Ihre persönliche Situation verdeutlichen. Also weiter: Sie gehen zum Arbeitsamt und stehen in langen Schlangen an, um ein wenig Unterstützung zu bekommen. Einen neuen Job können Sie sich sowieso in die Haare schmieren. Ihre Ersparnisse werden langsam aufgebraucht. Sie haben keine Möglichkeit mehr, Ihren Enkelkindern etwas zu schenken. Die Kleinen werden daraufhin den Kontakt zu Ihnen abbrechen, denn sie wollen nichts mit dieser armen, alten, erfolglosen Looser-Frau zu tun haben.«

Frau Schäfers schluckte.

Enders: »Bald werden Sie sich kein Essen mehr leisten können, Sie werden Dauergast in der Suppenküche. Ihre Wohnung wird gekündigt. Sie werden obdachlos und sitzen auf der Straße. Plötzlich kommt dann eine ehemalige Schulfreundin in einem dicken Mercedes vorbei und zeigt mit dem Finger auf Sie. Wollen Sie das?«

Enders redete sich immer mehr in Rage und hämmerte mit dem Zeigestock unaufhörlich auf die Innenfläche seiner Hand. Er bemerkte daher gar nicht, wie Frau Schäfers leise zu weinen anfing. Auch nahm er die polternden Geräusche aus dem Turmzimmer nicht wahr.

Enders: »Also weiter: Sie sitzen am Rinnstein einer Straße. Ihre Krankenkasse hat Ihnen längst gekündigt. Ihr offenes Bein schmerzt entsetzlich. Die Ratten huschen über Ihre zwei Plastiktüten, die Ihnen noch geblieben sind. Ihre einzige Hoffnung bleibt ein anonymes Massengrab.«

Nach und nach wurde das Poltern im Turmzimmer immer lauter, sodass Enders seine Rede abbrach. Mittlerweile tat ihm schon die eine Hand von den Schlägen des Zeigestocks weh. Frau Schäfers kauerte auf dem Besucherstuhl und weinte leise vor sich hin.

Keine übertriebenen Ängste schüren

Enders ging in das Turmzimmer, um nachzusehen, was da so polterte. Der Geist schwebte in Höhe der Fensterbank und wartete schon auf ihn.

Geist: »So doch nicht. Du spielst ja mit der Angst dieser Frau. Man kann alles übertreiben. Du entwickelst da ein Szenario, welches außerhalb jeglicher Realität ist. Glaubst du, so die Herzen der Mitarbeiter gewinnen zu können? Auf alle Fälle entschuldigst du dich umgehend bei dieser Dame. Es geht doch nicht darum, übertriebene Ängste zu schüren, sondern den Mitarbeitern die Augen für die aktuelle Situation zu öffnen.«

Enders: »Vielleicht bin ich ein wenig ungestüm vorgegangen. Aber Sie haben doch selbst die Bedeutung der Emotionen erwähnt. Aber gut, ich werde beim nächsten Kandidaten etwas zurückhaltender sein.«

Geist: »Sage bloß, du willst noch so ein Gespräch führen?«

Enders: »Ja, und zwar mit den drei Auszubildenden. Die hatten mir in der Mitarbeiterversammlung gar nicht zugehört, sondern sich nur miteinander unterhalten. Mit ihnen werde ich jetzt reden. Aber keine Sorge, ich werde diesmal subtil vorgehen.«

Einzelgespräche führen

Als Enders in sein Büro zurückkehrte, saßen die drei Jugendlichen schon in seinem Büro. Von *Sitzen* konnte allerdings nicht wirklich die Rede sein. Sie *lümmelten* eher herum.

Enders begann nach der Schelte durch den Geist bewusst vorsichtig und rücksichtsvoll: »So, meine Herren, wie geht es Ihnen heute?«

Der Anblick dieser drei Jugendlichen war für ihn wirklich sehr ungewohnt. Der Erste hatte eine Baseballmütze auf und beide Arme völlig tätowiert. Das Kaugummi in seinem Mund zermalmte er so laut zwischen seinen Zähnen, dass man es noch in einem Abstand von zehn Metern hören konnte. Der Zweite hatte einen völlig kahl geschorenen Kopf. Als Kleidung trug er ein durchlöchertes Hemd und etwas, was man im weitesten Sinn als Hose bezeichnen konnte. Der Dritte schließlich wippte immer mit seinem Oberkörper hin und her. Das rührte wahrscheinlich von der Musik, die aus dem Stöpsel des MP3-Players kam, der in seinem Ohr festgewachsen schien. Eine Antwort gaben die drei nicht, sondern sie grinsten permanent vor sich hin.

Enders versuchte es erneut auf die freundliche Tour. »Sie bilden ja die Zukunft dieses Unternehmens.« Er stockte, als er diese Worte ausgesprochen hatte, und es überkamen ihn ernsthafte Zweifel, ob seine ganze Arbeit hier überhaupt sinnvoll sei. Er riss sich aber zusammen und fuhr fort: »Ich, äh, bin gerne mit jungen Leuten zusammen. Ich glaube, es ist für alle eine Bereicherung, wenn man mehr miteinander spricht. Die Älteren lernen von den Jungen und umgekehrt. Äh, tja.«

Wieder grinsten die Jugendlichen nur. Deswegen fuhr Enders fort: »Unser Unternehmen macht gerade eine schwierige Zeit durch. Wir haben in den letzten zwei Jahren Verluste geschrieben. Dass das nicht so weitergehen kann, wissen Sie sicher selbst.«

Er blickte die drei erwartungsvoll an, erntete jedoch weiterhin nur dieses unaufhörliche Grinsen. Er ergänzte: »Sagen wir mal so: Wenn ein Auto nicht mehr fährt, dann muss man es anschieben. Verstehen Sie?«

Sie verstanden nicht. Also versuchte er es weiter: »Besondere Situationen verlangen besondere Verhaltensweisen. Wir müssen uns alle anstrengen, um das Schiff wieder fahrtüchtig zu machen. Nicht, dass Ihr Ausbildungsplatz gefährdet wäre, ich gehe sogar davon aus, dass Sie nach der Ausbildung hier in ein festes Arbeitsverhältnis übernommen werden. Dieses Szenario würde nur mit einer höheren Wahrscheinlichkeit eintreten, wenn jetzt wirklich jeder von Ihnen mit anpacken würde. Sie haben den Begriff Wahrscheinlichkeit doch schon mal gehört, oder?«

Die drei Jugendlichen zeigten außer Grinsen, Wippen und Kaubewegungen keine weitere Reaktion. Enders beendete daher das Gespräch: »Vielen Dank für diese fruchtbare Unterhaltung. Falls Sie jemals in Ihrem Leben eine Frage haben, können Sie sich gerne an mich wenden.«

Nach diesem suboptimalen Gesprächserfolg wollte er sich nicht gleich wieder mit dem Flaschengeist in Verbindung setzen. Zum Glück wartete schon Herr Markmann von der kaufmännischen Abteilung auf einen Gesprächstermin. Mit ihm wollte er noch einmal detailliert die aktuellen Zahlen durchgehen. Ihm brauchte er wenigstens nicht die Augen zu öffnen. Herr Markmann war Kaufmann und kannte die fatale Geschäftslage aus erster Hand.

Dies war für Enders ein vergleichsweise angenehmes und ruhiges Gespräch. Sie schauten sich die aktuellen Umsatzahlen und deren Entwicklung in den letzten Jahren an. Sie verglichen verschiedene ökonomische Kennzahlen und erstellten eine detaillierte Kostenstruktur. Beide Gesprächspartner wühlten über mehrere Stunden in einem Haufen von Zahlen und Tabellen. Herr Markmann war sich der prekären Lage voll bewusst. Immer wieder wies er auf die steigenden Kosten und die rückläufigen Umsätze hin. Es war fast so, als wolle er Enders die Augen öffnen.

Er sagte: »Der Verlust im letzten Quartal betrug fast 252.000 Euro. Mehr als eine Viertelmillion allein in einem Quartal, das ist unglaublich. Bei unseren 36 Mitarbeitern bedeutet dies, dass pro Mitarbeiter knapp 7.000 Euro Verlust gemacht worden sind. Das sind knapp 78 Euro pro Tag! Jeder Mitarbeiter verursacht einen Verlust von 78 Euro, und das Tag für Tag! Da muss doch irgendwo die Notbremse gezogen werden.«

Enders dachte, eigentlich wäre schon viel erreicht, wenn dieses Bewusstsein bei allen Mitarbeitern vorläge. Markmann selbst versuchte sich alsbald an Lösungsversuchen.

Er schlug vor: »Bei unseren Lieferanten können wir nicht viel sparen, selbst wenn wir einen günstigeren Hopfenpreis erzielen würden oder das Leergut etwas preiswerter bekämen, das macht alles den Kohl nicht fett. Die Personalkosten bilden natürlich einen gewaltigen Block. Wir können aber nicht die Hälfte der Belegschaft entlassen, dann würde der Betrieb zusammenbrechen. Gut, wenn wir in der Produktion ein paar Leute einsparen und auf den Fuhrpark verzichten, dann sähe es schon günstiger aus, aber ausreichend ist das alles nicht.«

Enders nickte und Markmann fuhr fort: »Die Kreditkosten schlagen zusätzlich ganz schön zu Buche. Wir hatten halt einige Investition in den letzten Jahren getätigt, die waren dringend notwendig. Jetzt schnüren uns die Zinszahlungen natürlich die Luft zum Atmen ab. Vielleicht könnte man über eine Umschuldung hier etwas erreichen.«

Dann sagte Markmann noch: »Wissen Sie, Herr Enders, abgesehen von den Kosten und den Verlusten, die wir hier täglich produzieren, gibt es noch ein viel dringlicheres Problem, unsere Liquidität. Wir haben einfach im Moment nicht genügend Barmittel zur Verfügung. Wenn hier nicht ein Wunder geschieht, können wir in drei Monaten keine Gehälter mehr auszahlen, das macht mich sehr betroffen. Das müsste den Mitarbeitern einfach einmal richtig deutlich gemacht werden.«

Enders unterließ es, auf seine Versuche hinzuweisen, Betroffenheit zu erzeugen. So stimmte er wortlos den Ausführungen von Markmann zu und geleitete ihn zum Ausgang.

Dort sah er einen der jugendlichen Auszubildenden, der um ein persönliches Gespräch mit Enders nachsuchte. Es war der Junge mit dem Kahlkopf und den hosenähnlichen Beinkleidern, Jochen Bröge.

Jetzt, wo sich der Junge nicht mehr in der Gruppe befand, verhielt er sich auffällig anders. Er begann sogleich zu erzählen: »Ich glaube, es sieht nicht besonders rosig mit unserer Brauerei aus, was? Es ist nämlich so, dass ich große Mühe hatte, überhaupt einen Ausbildungsplatz in dieser Gegend zu finden. Ich lebe mit meiner Mutter alleine. Wir haben nicht so viel Geld, wir sind auf die Ausbildungsvergütung wirklich angewiesen. Was ich also sagen will, ist, äh, wenn ich irgendwas machen kann, um die Situation zu verbessern, unbezahlte Mehrarbeit oder so, Sie können auf mich zählen.«

Enders glaubte seinen Ohren nicht zu trauen. Es trieb ihm fast die Tränen in die Augen. Er notierte sich am Ende den Namen des Jungen und geleitete ihn aus seinem Büro hinaus.

Keinen zusätzlichen Druck ausüben

Anschließend holte er tief Luft und erklomm die knarrende Treppe zu dem Turmzimmer. Der Flaschengeist befand sich dieses Mal direkt über dem Türeingang. Er schien herzlich zu lachen: »Jungchen, Jungchen, was machst du denn? Deine Versuche, Betroffenheit zu erzeugen und den Mitarbeitern die Augen zu öffnen, waren ja eher kläglich, mit Ausnahme dieses Jungen.«

Der Geist fuhr fort: »Glaube mir, es hat keinen Sinn, irgendwelche konkreten Szenarien an die Wand zu malen, die Mitarbeiter sind schließlich keine kleinen Kinder mehr. Es geht vielmehr darum, die Fakten klar auf den Tisch zu legen. Dann kann jeder Mitarbeiter für sich selbst beurteilen, was sie für ihn bedeuten.«

Enders rechtfertigte sich: »Ich wollte doch nur die Situation individualisieren.«

Geist: »Du steckst doch aber nicht in den Köpfen der Mitarbeiter. Das Einzige, was du machen kannst, ist, eine Anregung zu geben, sich der individuellen Situation bewusst zu werden. Nimm nur mal den Auszubildenden. Der hat für sich die Dramatik der Situation erkannt. Oder schau dir den kaufmännischen Leiter an. Dem brauchst du nichts mehr zu erzählen, der ist mehr als betroffen.«

Enders: »Kann man nicht doch ein wenig Druck ausüben?«

Geist: »Druck erzeugt Gegendruck. Bei Frau Schäfers hast du bereits deutlich gesehen, wozu solches Verhalten führen kann. Die Idee von Herrn Markmann, die Verluste auf den Mitarbeiter und den Arbeitstag herunterzubrechen, fand ich übrigens sehr wirkungsvoll. Das veranschaulicht die Problematik und geht richtig unter die Haut. Hier noch einmal zum Mitschreiben.«

Wieder konzentrierte sich der Flaschengeist intensiv, und der Bleistift begann, sich von alleine zu bewegen.

Analyse der Situation	Umsatz Kosten Gewinn/Verlust Konkurrenzsituation Einfache Kennzahlen
Mögliche Auswirkungen	Gehaltszahlungen Boni und Jahreszahlungen Arbeitsplatzsicherheit Geschäftsreisen Weiterbildung Ausbildungsübernahmen Sonst. Vergünstigungen ... ...

Individualisieren, aber nicht interpretieren!!!

Enders las die Notizen und nickte anerkennend. Der Geist rief ihm zum Abschied noch zu: »Mit dem Auszubildenden Jochen Bröge hast du ein schönes Beispiel erlebt, wie sich Menschen in Gruppen ganz anders verhalten, als wenn man ihnen als Einzelperson gegenübersteht. Nicht vergessen: Betroffenheit und verantwortliches Handeln sind immer individuell. Und achte mir ein bisschen auf den Jungen, ich habe so das Gefühl, aus dem kann noch was werden.«

Methode: Individualisierung der aktuellen Situation

Ziel dieser Methode ist es, ein Kommunikationsverhalten zu erreichen, das eine realistische Betroffenheit erzeugt, ohne Ängste zu schüren.

■ **Erster Schritt: Informationen sammeln.** Tragen Sie alle Informationen zusammen, die für die aktuelle Veränderung von Bedeutung sind, und tragen Sie diese in den äußeren Kreis der Abbildung ein.

■ **Zweiter Schritt: Mitarbeiterbezug.** Versuchen Sie, diese Aspekte nun in Beziehung zu jedem einzelnen Mitarbeiter zu setzen. Was bedeutet dieser oder jener Aspekt für die aktuelle Arbeitssituation des Mitarbeiters? Vermeiden Sie in jedem Fall Interpretationen und emotionale Übertreibungen! Aktuelle Kennzahlen, die leicht vorstellbar sind, steigern die Betroffenheit der Zuhörer, dazu gehören beispielsweise anfallende Kosten pro Mitarbeiter, Verlust pro Tag und vieles mehr. Tragen Sie diese Aspekte in den mittleren Kreis ein.

■ **Dritter Schritt: Kommunikation.** Formulieren Sie Ihre Ansprache in der Weise, dass die Mitarbeiter ihre eigenen Schlüsse für ihre individuelle Situation ziehen können. Versuchen Sie, in jeder Hinsicht sachlich zu bleiben und Drohungen oder Ähnliches zu vermeiden. Dadurch, dass die Mitarbeiter die Situation für sich selbst definieren, wird eine zielgenaue Betroffenheit erzeugt, und der Redner wird aus der Schusslinie genommen. Als rhetorisches Mittel können Sie gerne die Aufforderung an die Zuhörer stellen, sich selbst zu überlegen, was die aktuelle Situation für sie bedeuten könnte.

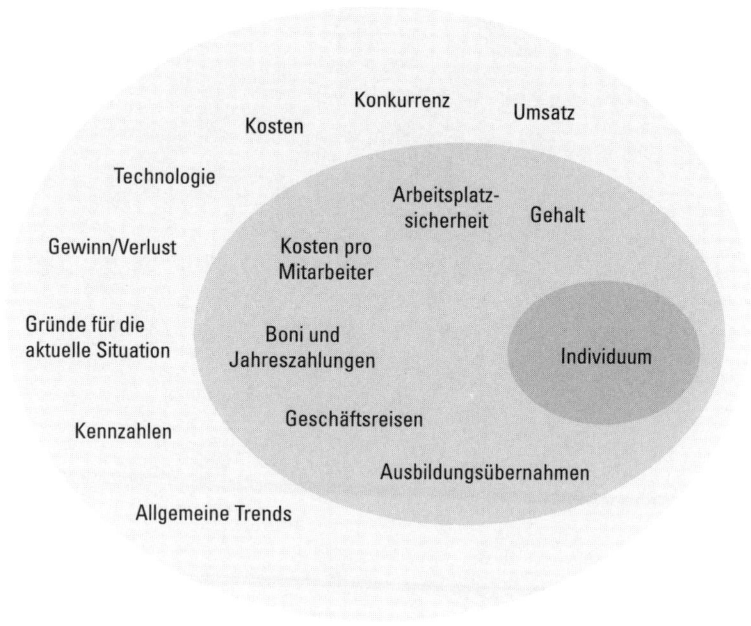

Hier sehen Sie zusätzlich ein Beispiel, mit welchen Stichworten Sie arbeiten können:

Kapitel 4: Alles wird gut

Wie Visionen entwickelt und eingesetzt werden

Nachdem Enders einige Akten durchgearbeitet hatte, begab er sich in das Turmzimmer. Um die Stimmung etwas zu lockern, nahm er eine Flasche Wein und zwei Gläser mit. Er bot dem Geist ein Schlückchen an, der lehnte jedoch ab, da er zu dieser Art weltlicher Genüsse keine Beziehung habe. So trank Enders die ganze Flasche im Laufe des Gesprächs alleine, was nicht ohne Auswirkungen auf seine Gemütslage blieb.

Zunächst sprach der Geist: »So, jetzt hast du die ersten Elemente der Veränderung verinnerlicht. Es ist zwar längst noch nicht alles rosig, aber immerhin kann man auf dem bisher Erreichten aufbauen. Nachdem nunmehr die Augen der Beteiligten geöffnet sind und sie die Lage besser einschätzen können, sollte sich direkt der nächste Schritt anschließen.«

Enders goss sich ein weiteres Gläschen ein und hörte weiter zu: »Die Probleme sind also offen dargelegt, nun müssen Lösungswege her. Es geht ja nicht darum, die Mitarbeiter in die Verzweiflung zu treiben, sondern ihre Energie auf das Veränderungsziel lenken. Die Mitarbeiter sollen sich eine Zukunft vorstellen, die sie als machbar ansehen und deren Verwirklichung sie sich wünschen.«

Enders, der sich bereits ein drittes Glas Wein eingegossen hatte, stand plötzlich auf, wedelte mit der halb leeren Flasche und sprach mit hochrotem Kopf: »Ich weiß genau, was du meinst, Geist! Eine Vision muss her. Ein Bild der Zukunft. Das Licht am Ende des Tunnels. Hinweg mit den schnöden Zahlen, her mit der Kraft des Bildes. Oh, wie ich dich verstehe, mein Geist. Wir brauchen ein Bild der Zukunft, das auf die Mitarbeiter wie ein Sog wirkt, das ihnen gleichsam Flügel verleiht auf ihrem schweren Weg der Veränderung.«

Der Geist blickte ein wenig verwundert drein und murmelte: »Ja doch, Jungchen.«

Enders nahm einen großen Schluck Wein und kletterte auf den Tisch, sodass der Geist zur Seite huschen musste: »Die Zeiten der trockenen Zahlen sind vorbei. Ich spüre, dass ich hier gebraucht werde, ich, der Visionär. Ich werde aus einfachen Bauarbeitern freudig arbeitende Menschen machen. Auf die Frage, was sie gerade tun, werden sie antworten, dass sie eine Kathedrale bauen, und nicht, dass sie im Moment Mörtel anrühren. Sie werden Teil einer gemeinsamen Karawane, die nur ihr Ziel im Kopf hat und sich so von innen heraus immer weiter selbst motiviert. So habe ich es jedenfalls gelernt.«

Der Geist murmelte etwas verwirrt: »Jungchen, Jungchen …«

Enders: »Da staunst du, was? Wir lernten an der Universität immer folgendes Beispiel: Ein Pförtner bei der NASA wurde in den 1960er-Jahren gefragt, was denn seine Aufgabe sei. Darauf sagte er, dass seine Aufgabe darin bestünde, einen Mann auf den Mond zu schicken.«

Der Geist fragte nach: »Ja und?« – »Der Pförtner sagte dies, weil Kennedy vorher die Vision verbreitet hatte, dass die Amerikaner in diesem Jahrzehnt einen Menschen auf den Mond schicken werden. Jetzt ist es an mir, es meinem Vorbild gleichzutun«, referierte Enders und grölte, auf dem Tisch stehend und aus der Flasche trinkend, dem Geist entgegen: »Ich bin ein Berliner …«

Dem Geist wurde dieses Verhalten zunehmend unangenehm. Er verzog sich in eine Ecke und antwortete: »Nun komm mal wieder runter, Jungchen. Du weckst sonst noch die anderen Flaschengeister auf. Du hast ja gar nicht so unrecht mit dem, was du sagst. Aber bedenke, wir stellen hier Bier her.«

Enders wurde plötzlich müde. Er murmelte noch: »Gut – ich bin ein Kleinberghofener …«

Kriterien einer Vision

Am nächsten Morgen hatte Enders entsetzliche Kopfschmerzen. Das hinderte ihn jedoch nicht daran, eine Vision für seinen Veränderungsprozess zu entwickeln. Er setzte sich mit Frau Sikorsky, Herrn Schulte, Herrn Markmann sowie Herrn Dr. Klingbeil von der Qualitätssicherung zusammen, um gemeinsam eine Vision zu formulieren. Herr Klawuttke vom Fuhrpark war bereits von der täglichen Arbeit freigestellt, um für sich und seine Mitarbeiter eine neue Beschäftigung zu suchen. Da der Auszubildende Jochen Bröge gerade den Flur entlangging, wurde er ebenfalls zu der Runde gebeten. Alle saßen zusammen in einem Stuhlkreis und sammelten Ideen.

Enders ermunterte die anderen: »Wir brauchen eine Vision, die für alle Mitarbeiter gilt, etwas Positives, das alle anstreben sollen, äh, ich meine wollen. Beschreiben Sie doch einmal aus Ihrer Sicht, wie der ideale Zustand in drei Jahren aussehen könnte.«

Die Reaktion der Beteiligten war vergleichsweise verhalten. Jeder schaute die anderen intensiv an und tat so, als ob er nachdächte. Erst nach einer gewissen Zeit meldete sich Markmann – der Kaufmann – zu Wort und sagte: »Ich wäre froh, wenn wir nicht immer die Sorge hätten, dass uns der Kredit gekündigt wird.«

Enders bedankte sich für diesen Vorschlag – er war froh, dass endlich überhaupt jemand das Wort ergriffen hatte. Gleichzeitig kritisierte er aber den Beitrag Markmanns: »Wir möchten nicht wissen, was wir nicht wollen, sondern was wir wollen. Wir brauchen ein positives Bild ohne Negation. Herr Markmann, versuchen Sie doch einmal, sich einen blauen Porsche nicht vorzustellen.«

Markmann blickte wie ein Auto, und Enders fuhr fort: »Sehen Sie, Sie können es nicht. Sie können sich nicht etwas nicht vorstellen. Was man sich nicht vorstellen kann, kann auch keine Grundlage für eine Vision bilden. Ihr Vorschlag ist einfach nicht gehirngerecht.«

Markmann murmelte daraufhin, dass er überhaupt nichts mehr sagen werde. Nach weiteren Minuten unangenehmen Schweigens versuchte Enders, auf das Tempo zu drücken: »Herr Dr. Klingbeil, Sie als Qualitätsingenieur sind doch mit dem Herzen ganz nah am Geschehen hier vor Ort. Was wäre aus Ihrer Sicht denn anzustreben?«

Dieser antwortete langsam, ganz darauf bedacht, keinen Fehler zu machen. »Ich fände es genial, wenn die schlechten Ergebnisse der Überprüfungen und Audits in der Vergangenheit nicht mehr so häufig auftreten würden.«

Enders: »Vielen Dank, Herr Dr. Klingbeil für Ihren interessanten Vorschlag. Leider ist auch der völlig unbrauchbar. Sie lassen sich viel zu sehr von der Vergangenheit leiten. Dass Sie etwas besser machen wollen als in der Vergangenheit, das ist sehr löblich, aber das hat doch nichts mit einer Vision zu tun. Von einer Vision werden Sie gezogen, von der Vergangenheit werden Sie getrieben. Machen wir einen Test: Warum sind Sie heute Morgen zur Arbeit gefahren?«

Klingbeil: »Ich wollte den Bericht fertigstellen, den Sie letzte Woche eingefordert haben.«

Überlegen schmunzelte Enders: »Sehen Sie, wieder falsch. Sogar doppelt falsch. Erstens lassen Sie sich wieder aus der Vergangenheit leiten, und zweitens klingt das doch sehr nach Fremdbestimmung.« Daraufhin resignierte Klingbeil und erklärte, dies sei der letzte Satz für heute von ihm gewesen.

Enders gab aber nicht auf: »Frau Sikorsky, jetzt sind Sie dran. Etwas, das nicht aus der Vergangenheit resultiert, etwas, das positiv formuliert ist und das eine gewisse Selbstbestimmung in sich trägt. Was ist Ihre Vision?«

Sikorsky: »Meine Vision ist es, mit einem Vorgesetzten zusammenzuarbeiten, der seine Mitarbeiter nicht zu Heulkrämpfen bewegt, wie Sie es mit Frau Schäfers gemacht haben. Das ist meine Vision!«

Enders hatte diesen Vorfall ganz vergessen. Er entschuldigte sich bei Frau Sikorsky und versprach, sich ebenfalls bei Frau Schäfers für sein Benehmen zu entschuldigen. Dann machte Frau Sikorsky noch einen Versuch: »Ich wünsche mir, dass wir nicht von einer Entlassungswelle in die nächste rutschen. Die Mitarbeiter brauchen Ruhe, sie benötigen etwas Verlässliches.«

Enders wiegte mit dem Kopf hin und her: »Na ja, wir sind ja eigentlich nicht im Pflegeheim. Dass sich die Mitarbeiter Ruhe wünschen, passt irgendwie nicht in meine Vorstellung einer motivierenden Vision. Frau Sikorsky, eine Vision soll inspirierend sein. Sie muss für jeden Mitarbeiter etwas Außergewöhnliches, nicht Alltägliches darstellen. Etwas, auf das man stolz sein kann, wenn man sie erreicht hat. Visionen orientieren sich weniger an den

Gefahren als an den Chancen. Ihr Vorschlag ist daher leider nur zu verwerfen.«

Auch Frau Sikorsky gab daraufhin bekannt, von nun an nichts mehr zu sagen. Neben dem Auszubildenden war jetzt nur der Braumeister, Herr Schulte, nicht gefragt worden. Das war ihm selbst bewusst geworden. Deswegen rutschte er nervös auf seinem Stuhl hin und her.

Bevor Enders ihn wie ein Lehrer fragen konnte, machte er einen Vorschlag und versuchte, die bisher genannten Kriterien in seinem Formulierungsvorschlag zu berücksichtigen: »Ich wäre zufrieden und glücklich, wenn ich in den nächsten zwei Jahren bis zu meiner Rente ein geregeltes, störungsfreies Leben hier hätte, um meinem Hobby zu frönen. Wie Sie wissen, besitze ich ein kleines Segelboot. Ich träume davon, in den Sommermonaten an der Küste entlangzusegeln und dabei die Abendsonne zu genießen. Ich sehe mich förmlich im Boot sitzen.«

Enders antwortete: »Eine wirklich gute Vision. Alleine, es hat nicht viel mit dem zu tun, was wir hier machen. Natürlich ist die Arbeit für die meisten von uns kein Selbstzweck. Wir arbeiten, um uns etwas leisten zu können, um Dinge zu erleben, die wir uns ohne das Geld, das wir hier verdienen, gar nicht leisten könnten. Eine Vision sollte aber näher an unseren eigentlichen Arbeitsaufgaben orientiert sein und nicht so sehr auf privaten Träumereien basieren.«

Die Stimmung war frostig und frustrierend. Alle Teilnehmer saßen ziemlich freudlos vor dem Flipchart, auf das Enders immer mal wieder ein Stichwort schrieb. Erschwerend kam hinzu, dass sich fast alle Beteiligten inzwischen selbst ein Sprechverbot auferlegt hatten.

Jochen Bröge, der Auszubildende, wollte eigentlich von seinem Motorrad erzählen, von dem er träumte und für das er jeden Cent zurücklegte. Aufgrund der vorangegangenen Diskussionen schwenkte er jedoch schnell um und sagte: »Wir haben doch vor kurzer Zeit dieses Diagramm der Wirkungszusammenhänge gezeichnet. Wenn ich mich recht entsinne, waren wir alle irgendwie stolz auf die Qualität unseres besonderen Dunkelbieres. Ich glaube, ich wäre stolz, wenn unser Bier einen Qualitätspreis erringen würde.«

Daraufhin meldete sich entgegen vorheriger Ankündigung der Braumeister zu Wort und sagte: »Das haben wir doch längst. Der örtliche Schützenverein hat dieses Bier zum besten Getränk der Gegend gewählt.« Enders schrieb in der Zwischenzeit die Kriterien einer guten Vision für alle sichtbar an das Flipchart.

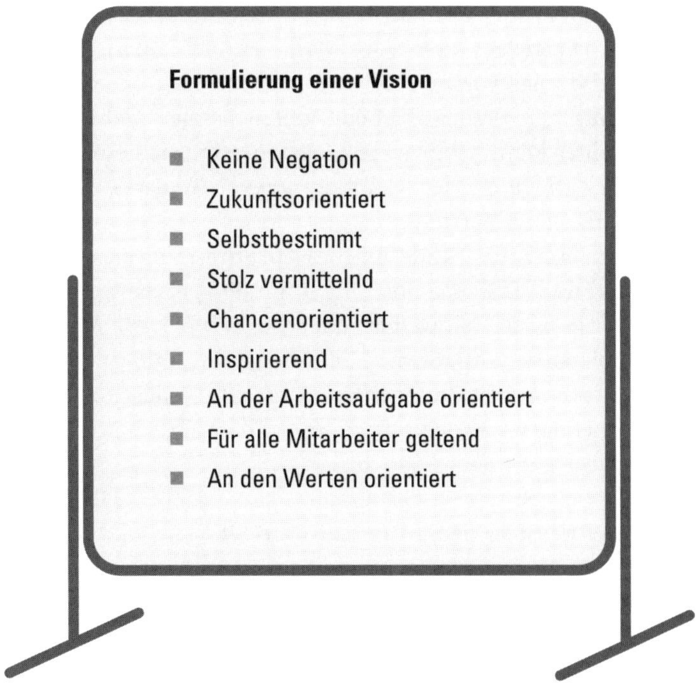

Bröge ließ sich indessen von dem Einwand aber nicht abhalten. Er sagte: »Unser Schützenverein, den kennt doch fast niemand. Ich wäre stolz, wenn eine Werbesendung über unser Bier im Fernsehen liefe und ich meiner Freundin sagen könnte, schau her, ich arbeite bei der Firma, die dieses Bier herstellt.«

Plötzlich wurden alle hellhörig. Jeder ahnte, was der Junge ausdrücken wollte.

Als Erster meldete sich Herr Klingbeil: »Genau, unser Qualitätsbier sollte bekannter werden. Warum können wir nicht bei einer großen Sportveranstaltung als Sponsor auftreten?«

Herr Schulte ergänzte: »Das Bier sollte grundsätzlich überregional bekannt gemacht werden. Wenn ich in eine andere Stadt fahre, dann möchte ich dort mein Bier in einer Gastwirtschaft trinken, und der Bedienung würde ich dann zuflüstern, dass ich sozusagen der geistige Eigentümer dieses Bieres bin.«

Frau Sikorsky warf ein: »Sie sind ja ganz schön eitel, Herr Schulte. Aber mir würde es ebenfalls guttun, wenn unser Bier bekannter und weiter verbreitet wäre. Jedes Mal, wenn ich auf einer Fortbildung bin und mich vorstelle, erläutere ich, dass ich in einer kleinen mittelständischen Brauerei arbeite, deren Namen wahrscheinlich sowieso keiner kennt. Was wäre es schön, wenn ich einfach sagen könnte, ich arbeite bei der Kleinberghofener Brauerei, die das berühmte Dunkelbier herstellt.«

Plötzlich war in der Runde eine bessere Stimmung zu spüren. Die Vision war zwar als solche noch nicht hundertprozentig ausformuliert. Aber sie hatten sie weitestgehend umrissen. Die Mitarbeiter wollten stolz auf ein qualitativ hochwertiges und überregional bekanntes Bier sein. Mit dieser Erkenntnis eilte Enders in sein Büro und von dort direkt über die alte Treppe in das Turmzimmer.

Visionen vorleben und kommunizieren

Der Geist empfing Enders recht freundlich. »Gut, Jungchen, das war doch gar nicht so schlecht, einmal abgesehen von deiner Art, dich als Oberlehrer zu verhalten. Schön, dass der junge Lehrling, äh, Auszubildende, euch auf den richtigen Weg gebracht hat.«

Nachdem Enders über Kopfschmerzen klagte, für die er den Rotwein vom vorhergehenden Abend verantwortlich machte, murmelte der Geist: »Das war schon ein ungeheuerlicher Lapsus, den du dir da gestern geleistet hast. Wie kannst du dich vor meinen Augen mit Rotwein betrinken?«

Enders: »Tut mir leid. Ich werde keinen Alkohol mehr anrühren.«

Geist: »Darum geht es doch nicht. Du repräsentierst unsere Brauerei und damit unser Bier. Wenn du selbst Rotwein trinkst, signalisierst du anderen, dass du selbst nicht an die Qualität des Bieres glaubst. Das ist wirklich unverzeihlich. Man kann nur froh sein, dass dich niemand gesehen hat.«

Enders war über diesen Vorwurf nun doch erstaunt. Er erwiderte: »Das ist doch meine Angelegenheit. Was ich privat mache, das geht doch niemanden etwas an.«

Darauf der Geist: »Jungchen, Jungchen, da musst du aber noch einiges lernen. Als Führungskraft bist du zumindest auf dem Firmengelände niemals privat. Alles, was du sagst oder machst, wird von den Mitarbeitern genauestens registriert und interpretiert, ob du das willst oder nicht. Selbst wenn du dich in deiner Freizeit mit deinen Mitarbeitern triffst, wird dein Verhalten immer noch als das der Führungskraft angesehen. Den Job kannst du nicht einfach abstreifen wie einen Mantel.«

Enders antwortete: »Ich habe doch weder über das Bier noch über den Wein gesprochen. Letzterer war übrigens wirklich schlecht, andernfalls wären die Kopfschmerzen ja nicht zu erklären.«

Der Geist erregte sich regelrecht: »Jetzt stell dich doch nicht dümmer an, als du bist, Jungchen. Du kommunizierst doch nicht nur mit deinen Worten, sondern auch mit deinen Taten. Das, was du tust, wird oftmals als wichtiger angesehen als das, was du sagst. Meinst du nicht, ich fühlte mich gestern nicht ein wenig beleidigt, als du vor meinen Augen plötzlich Wein in dich hineingegossen hast? In früheren Zeiten hätte ich dich vom Gelände der Brauerei gejagt. Das Wichtigste für eine Führungskraft ist doch, dass sie authentisch ist. Das bedeutet, dass Worte und Taten übereinstimmen sollten. Wenn du eine Vision kommunizierst, die die Qualität des Bieres zum Inhalt hat, solltest du dich entsprechend verhalten.«

Enders versuchte, die Stimmung wieder etwas aufzubessern. »Das, was wir geleistet haben, war doch wirklich nicht schlecht. Jetzt müssen wir noch die ganzen Ideen und Kommentare zusammentragen und per E-Mail an alle Mitarbeiter versenden. Dann wäre dieser Punkt fertig.«

Der Geist zischte durch den Raum wie ein Luftballon, aus dem die Luft entweicht. Das war der Zustand höchster Erregung für einen Flaschengeist. Er grollte: »Also erstens ist dieser Punkt niemals fertig, zweitens ist eine E-Mail wohl die am wenigsten geeignete Form der Verbreitung, und drittens geht es nicht darum, alles zusammenzutragen, sondern im Gegenteil, es geht darum, so lange zu kürzen und zu feilen, bis eine möglichst einprägsame und einfache Vision entstanden ist.«

Enders erschrak und brachte daher kein Wort über seine Lippen, so donnerte der Flaschengeist weiter. »Zu meiner Zeit lebte ein großer Dichter, er nannte sich Goethe, der hat einen Brief an seinen Freund geschrieben, der ihm am Ende ein wenig lang vorkam. Er entschuldigte sich daher und schrieb am Ende des Briefes, wenn ihm mehr Zeit geblieben wäre, hätte er einen kürzeren Brief geschrieben. Daran, Jungchen, daran solltest du dir ein Beispiel nehmen. In der Kürze liegt die Würze. Täusche dich nicht, eine einfache Vision zu verfassen ist alles andere als einfach.«

Derartig eingeschüchtert brachte Enders kaum mehr einen Vorschlag hervor. Erst nach mehreren Versuchen einigten sich Geist und Change-Manager auf folgende Formulierung:

Wir wollen unser qualitativ hochwertiges Dunkelbier weltberühmt machen.

Man sah regelrecht, wie zufrieden und stolz der Flaschengeist diese Zeile immer wieder las. Vor allem der Begriff »weltberühmt« hatte ihn regelrecht elektrisiert. Es hätte nicht viel gefehlt, und der Geist hätte wieder die Unternehmensführung beansprucht. Auch Enders war froh, den Geist endlich zufriedengestellt zu haben. Weitere Überlegungen führten zu keiner Verbesserung der Vision. Diese sollte es also sein.

Der Geist sprach nun sanftmütiger zu Enders: »Das ist eine gute Formulierung. Sie nimmt Bezug auf das Empfinden und die Werte der Mitarbeiter, und sie zeigt gleichzeitig eine Richtung an, in die sich etwas verändern soll. Viele Sachen, die vorher genannt wurden, wie zum Beispiel die Verbesserung der ökonomischen Situation, finden sich zwar explizit in dieser Formulierung der Vision nicht wieder, sie bilden aber einen impliziten Bestandteil. Ein Bier kann schließlich nur dann weltberühmt werden, wenn es erfolgreich vermarktet wird und in unserem Fall der Umsatz um ein Vielfaches gesteigert wird.« Ohne sich um Enders zu kümmern, setzte er seine Ausführungen fort: »Mit dieser Formulierung bilden wir sozusagen den Nukleus. Auf diesen kann jeder Mitarbeiter aufbauen und seine ganz individuelle Vision ermitteln. Der eine freut sich über den bekannten Namen des Bieres, der Nächste fühlt sich selbst wertgeschätzt, in einer vergleichsweise berühmten Brauerei zu arbeiten, der Nächste wiederum empfindet sich vielleicht selbst als erfolgreich, weil er mit einem erfolgreichen Produkt zu tun hat, und unsere Qualitätsfetischisten kommen ebenfalls auf ihre Kosten, denn sie haben ja immer gewusst, Qualität setzt sich durch.« Wieder nahm der Geist eine angestrengte Körperhaltung an, und der Bleistift setzte sich in Bewegung.

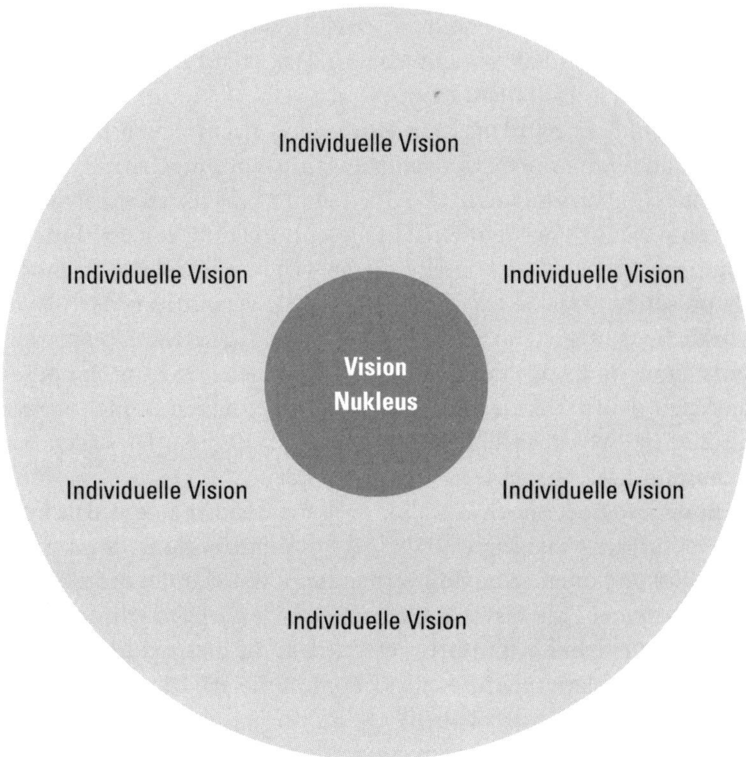

Vorsichtig versuchte Enders, nun wieder den Dialog mit dem Geist aufzunehmen: »Wir müssen die Vision jetzt so schnell wie möglich kommunizieren. Ihre Allwissenheit hegten da gewisse Ressentiments bezüglich der Anwendung von E-Mails? Wahrscheinlich ist Ihnen dieses Instrument unbekannt, oder?«

Enders ahnte schon, dass das nicht der Grund für die ablehnende Haltung war. So polterte der Flaschengeist auch gleich los: »Ich kenne sehr wohl E-Mails. Kennen und lieben sind aber sehr unterschiedliche Dinge. Wenn ich mit jemandem rede, kann ich in sein Gesicht blicken und sehen, ob er mich verstanden hat, da erhalte ich sofort eine Rückmeldung und kann darauf reagieren. Wenn ich zum Beispiel dein dummes Gesicht sehe, Jungchen, dann erkläre ich dir einen bestimmten Sachverhalt einfach noch einmal.«

Enders blickte missmutig auf den Geist.

Geist: »Mein Ziel ist erst dann erreicht, wenn ich deutlich erkenne, dass du den Inhalt verstanden hast. Das ist mit E-Mails doch gar nicht möglich. E-Mails werden oft nur verschickt, um formal eine Bringschuld zu erfüllen. Man kann dann nachträglich beweisen, dass man seine Informationspflicht wahrgenommen hat.«

Enders versuchte noch, das Arbeiten mit E-Mails zu relativieren, er konnte jedoch bei dem Geist in dieser Beziehung keinen Blumentopf gewinnen. So grummelte dieser weiter: »Jungchen, da musst du persönlich ran. So zeigst du, dass dir die Vermittlung der Vision wirklich wichtig ist. Sprich jeden darauf an, sag es, wenn du gefragt wirst und wenn du nicht gefragt wirst. Mache es zum Hauptbestandteil deiner Reden und lasse es in Nebensätzen immer wieder einfließen. Sprich darüber bewusst und unbewusst. Diese Art der Kommunikation ist eine *never ending Story.*«

Enders wendete noch ein, dass er ja niemanden langweilen wolle, worauf der Geist sagte: »Hier geht es um Emotionen und nicht um Informationen. Wenn du verheiratet wärst, dann würdest du ja auch zu deiner Frau bisweilen sagen: *Ich liebe dich.* Du würdest dich nicht zurücklehnen und brummeln, dass du diesen Punkt schon vor vierzehn Jahren hinreichend kommuniziert hättest und sich seitdem nichts geändert habe.«

Darauf fiel Enders nichts mehr ein.

Methode: Eine Vision formulieren und kommunizieren

■ **Erster Schritt: Ideen zusammentragen.** Sammeln Sie Werte und Überzeugungen der Belegschaft. Machen Sie Brainstormingsitzungen mit verschiedenen Personen, die an der Veränderung beteiligt sind. Machen Sie deutlich, dass Sie nicht eine Vision »verkaufen« wollen, sondern dass Sie gemeinsam eine Vision erarbeiten wollen. Die Beteiligten sollen das Gefühl bekommen, dass es ihre Vision ist.

■ **Zweiter Schritt: Formulierungsvorschläge erarbeiten.** Versuchen Sie, die Kriterien einer gut formulierten Vision auf Ihre Ideensammlung anzuwenden (s. unten). Erarbeiten Sie gemeinsam mehrere Formulierungsvorschläge. Achten Sie vor allem auf die Einfachheit und Eingängigkeit der Formulierung. Viele Aspekte müssen nicht explizit ausformuliert werden, sondern finden sich implizit in bestimmten bildhaften Vorstellungen wieder.

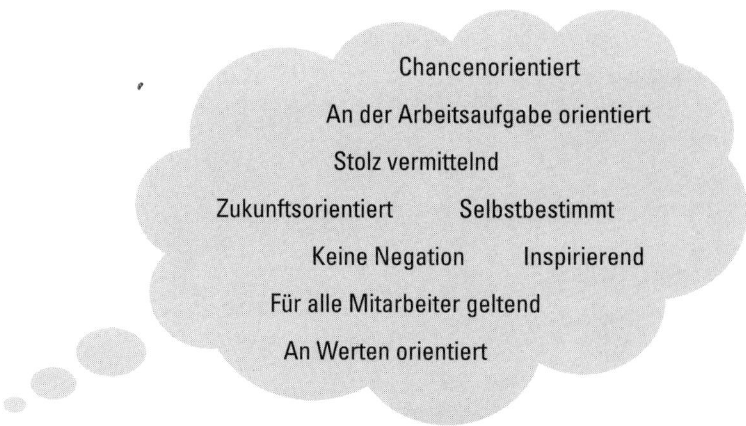

■ **Dritter Schritt: Auswahl einer Formulierung.** Lassen Sie die unterschiedlichen Formulierungen bewerten und entscheiden Sie sich dann gemeinsam für eine Formulierung der Vision. Versuchen Sie, Aspekte verworfener Formulierungsvorschläge in die gewählte Vision einzubinden. Achten Sie darauf, dass die Formulierung kurz und prägnant bleibt. Vermeiden Sie das Abfassen mehrerer Visionen. Diese würden sich in ihrer Wirkung nur gegenseitig behindern.

■ **Vierter Schritt: Die Vision kommunizieren.** Kommunizieren Sie die Vision permanent. Verinnerlichen Sie diese Vision, sodass sie die Grundlage aller Ihrer Gespräche bildet. So wird diese Vision nicht nur bewusst, sondern auch unbewusst kommuniziert. Scheuen Sie sich nicht, diese Vision permanent zu wiederholen. Achten Sie darauf, dass Ihre Handlungen im Einklang mit der Kernaussage der Vision stehen. Denken Sie daran, Sie kommunizieren nicht nur mit Ihren Worten, sondern auch mit Ihren Handlungen.

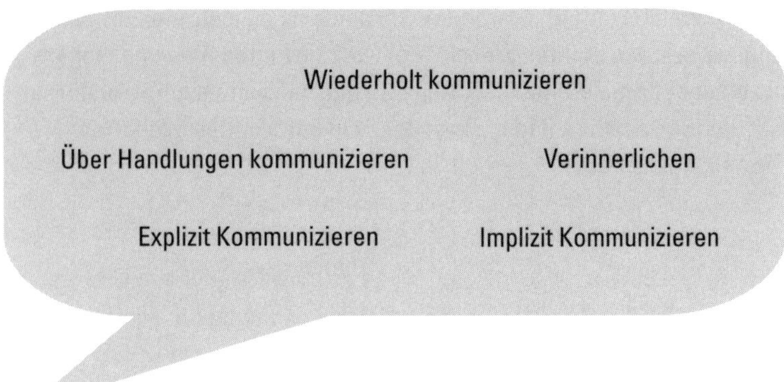

Kapitel 5: Den Ball abspielen

Wie Betroffene zu Beteiligten gemacht werden

Die ersten Schritte im Veränderungsprozess waren gemacht, etwas holperig zwar, aber immerhin. Ziele und Wirkungszusammenhänge wurden aufgezeigt. Es wurde umrissen, was sich ändert und was konstant bleibt, den Mitarbeitern wurde die Dramatik der aktuellen Situation bewusst gemacht und es gab eine Vision. So weit, so gut. Man könnte sagen, der Boden war bereitet.

Jetzt begann die operative Arbeit. Es gab unendlich viel zu tun. Da waren zunächst Fragen zur rechtlichen Eingliederung der Brauerei in den Konzern zu klären. Es musste aus Effizienzgründen sichergestellt werden, dass die technischen Prozesse des Konzerns auf die Brauerei übertragen werden. Die Mitarbeiter der Brauerei mussten sich daher in für sie ganz neue EDV-Verfahren einarbeiten. Die Abwicklung des Fuhrparks stand an. Es waren neue Kreditverhandlungen aufzunehmen. Viele Abteilungen sollten organisatorisch in Bereiche des Mutterkonzerns eingegliedert werden. Der Vertrieb sollte grundsätzlich neu aufgebaut werden. Die Lieferantenbeziehungen waren neu zu regeln. Eine Marketingabteilung war zu gründen. Und, und, und.

Nachdem bisher vor allem Grundsätzliches geklärt worden war, bedurfte es nun des individuellen Engagements aller Beteiligten. Es wurden Aufgabenpakete geschnürt, für die einzelne Mitarbeiter die Verantwortung übernehmen sollten. Wie sagte doch der Geist so schön: Die Verantwortung ist nicht teilbar. Wenn alle für alles verantwortlich sind, ist im Grunde niemand für etwas wirklich verantwortlich.

Es war weiterhin zu berücksichtigen, dass die Aufgaben nicht isoliert zu betrachten waren, sondern in einer Beziehung zu den anderen Aufgaben standen. Enders überzog daher die gesamte Brauerei mit einem Netz von Projekten, die aus Teilprojekten bestanden, die ihrerseits wiederum aus Subprojekten bestanden.

Vernetzte Projektdarstellung

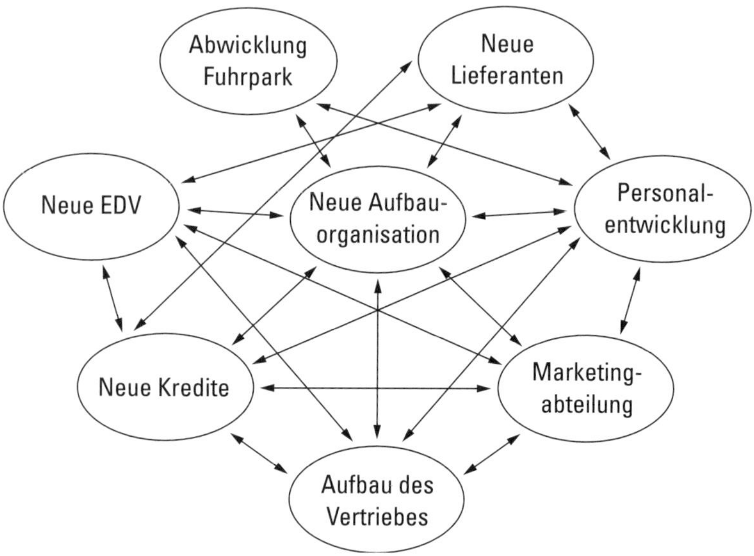

Recht zufrieden mit sich selbst betrachtete Enders seine vernetzten Projektplanungen. Er wollte die personelle Zuordnung zu den Projekten auf freiwilliger Basis erfolgen lassen. Natürlich waren Fachkenntnisse gefragt. Auf der anderen Seite sollten gerade diejenigen Personen in einem Projekt mitarbeiten, die keinen fachlich verengten Blick hatten.

Obwohl das Thema gut kommuniziert wurde, konnte man nicht behaupten, dass dadurch eine Lawine der Begeisterung losgetreten wurde. Vereinzelt wurde Interesse bekundet, natürlich nur unter Vorbehalt. Viele Mitarbeiter schienen sich heimlich davonzustehlen. Es galt die Devise, jetzt bloß nicht aufzufallen.

Es blieb Enders nichts anderes übrig, als geeignete Kandidaten direkt anzusprechen. Die Antworten, die er erhielt, waren wunderschöne und originelle Variationen des »Ja, aber«-Einwandes.

Im Folgenden finden sich einige Beispiele:

- »Gerne würde ich die Aufgabe übernehmen, aber ich fahre nächsten Monat in Urlaub, da wäre ich gerade beim Projektstart vier Wochen abwesend. Das möchte ich dem Projekt nicht antun. Den Urlaub habe ich bereits vor Monaten gebucht.«
- »Oh, das ehrt mich, dass Sie an mich denken, ich glaube auch, dass ich die Kompetenzen für diese Aufgaben mitbringe. Im Moment bin nur so stark mit anderen Angelegenheiten belastet, dass ich mich hier nicht auch noch einbringen möchte.«
- »Nein, da müssen jetzt mal andere ran. Es kann nicht sein, dass ich den Laden hier ganz alleine schmeiße.«
- »Vom Arzt ist mir jegliche Aufregung verboten worden. Ich weiß doch, wie das hier läuft. Da suchen Sie sich bitte jemand anderen.«
- »Nanu, wie kommen Sie denn auf mich, da gibt es doch wirklich andere, die mit ihrer Erfahrung das Projekt wesentlich besser unterstützen können.«
- »Ich muss mein Kind um zwei Uhr von der Krippe abholen, da kann ich nicht so eine Verantwortung übernehmen.«
- »Ich bin eigentlich schon gar nicht mehr da.«
- »Ich kann meine Yogaausbildung nicht unterbrechen.«
- »Ich muss nächste Woche zum TÜV.«

Frühzeitig der Angst begegnen

Enders konnte es nicht glauben. Natürlich ging es hier um zusätzliche Arbeit, trotzdem war er über so wenig Engagement enttäuscht. Missmutig trottete er die Treppe zum Turmzimmer hinauf, wo der Flaschengeist schon auf ihn wartete.

Geist: »Na, Jungchen. Was bläst du denn für Trübsal? Ich muss ehrlich sagen, mir gefällt die Vision. Ich kenne ein paar andere Flaschengeister, die sich groß aufplustern, bloß weil ihre Nachfahren aus den Brauereien Weltkonzerne gemacht haben. Jetzt sind wir dran!«

Enders klagte sein Leid: »Die wollen alle nicht richtig mitziehen. Solange es nur um Absichtserklärungen geht, da schreien alle: Hier.

Aber sobald es um konkrete Aufgaben geht, da versagen offensichtlich ihre Stimmbänder.«

Der Geist atmete tief durch, was einen heftigen Windstoß verursachte: »Nun ja, deine Erwartungen waren aber auch sehr hochgeschraubt. Die Mitarbeiter haben bestimmte Erfahrungen, auf die sie sehr stolz sind. Wenn sie jetzt neue Aufgaben übernehmen sollen, scheinen diese Erfahrungen ja nichts mehr wert zu sein. Dagegen wehren sie sich.«

Enders widersprach heftig: »Ich habe die Erfahrungen der Mitarbeiter doch gar nicht kritisiert!« Der Dialog ging hin und her:

Geist: »Du hast sie aber auch nicht wertgeschätzt.«

Enders: »Warum denn auch? Wir haben jetzt neue Aufgaben vor uns.«

Geist: »Wenn du nicht vernünftig mit der Vergangenheit abschließt, kannst du nicht erfolgreich in die Zukunft starten. Zeige, dass du Verständnis für die Situation der Mitarbeiter hast, und versage ihnen nicht die Anerkennung für die bisherige Arbeit. Auf diese Weise ist der Boden für neue gemeinsame Aktivitäten bereitet.«

Enders zeigte sich einsichtig, fragte aber: » Warum nimmt die Angst vor Neuem bei vielen Mitarbeitern einen so großen Raum ein?«

Geist: »Angst lähmt und führt zu Lethargie und Hilflosigkeit. Diese Gefühle steigern wiederum die Angst. Hier entsteht ein wahrer Teufelskreis, den es zu durchbrechen gilt. Erst wenn die Mitarbeiter wieder für sich Verantwortung übernehmen, verliert sich die Angst.«

Enders: »Das ist ja furchtbar. Sie haben Angst, deswegen scheuen sie sich, Verantwortung zu übernehmen. Sie fühlen sich fremdbestimmt, das steigert weiter ihr Angstgefühl.«

Geist: »Deswegen ist ja so wichtig, dass du die Mitarbeiter von Betroffenen zu Beteiligten machst.«

Enders: »Aber wie?«

Geist: »Neben der Anerkennung für bisherige Leistungen solltest du die Mitarbeiter ermutigen und ihnen alle möglichen Hilfestellungen und Trainings verschaffen, die sie zur Erledigung ihrer neuen Aufgabe brauchen.«

Enders widersprach: »Selbstverständlich muss jeder so weit geschult werden, dass er seine Aufgabe erledigen kann. Aber das ist doch jetzt nicht das Thema. Das wird erst später im Projektablauf bedeutend. Im Moment erklärt sich gar niemand bereit, überhaupt eine Aufgabe zu übernehmen.«

Der Geist wurde wieder etwas erregter: »Jungchen, jetzt zum hundertsten Mal. Du hast hier mit Menschen zu tun, nicht mit Schrauben. Wenn du jemanden befähigen willst, eine neue Aufgabe zu übernehmen, so musst du zwei Schritte unterscheiden:

- die Zusicherung, dass die Befähigung erfolgt, und
- die Befähigung selbst.

Um einem Mitarbeiter die Sorge zu nehmen, einer Aufgabe nicht gewachsen zu sein, solltest du frühzeitig glaubhaft versichern, dass alles an Schulungen, Hilfestellungen und sonstigen Maßnahmen getan wird, damit der Betreffende die neuen Herausforderungen bestehen kann. Nur so lässt sich die Unsicherheit reduzieren.«

Enders versprach daraufhin, diesen Punkt bei der Auswahl der Projektmitarbeiter zu berücksichtigen. Er wollte einen neuen Anlauf nehmen.

Zukunftsperspektive aufzeigen

Im Rahmen eines größeren Events wurden die einzelnen Projekte vorgestellt. Jeder Mitarbeiter konnte sich dort individuell über die einzelnen Aufgaben informieren. Es wurden natürlich keine Versprechungen gemacht, aber es war jedem Mitarbeiter klar, dass er gute Chancen hatte, nach dem Veränderungsprozess eine Aufgabe zu übernehmen, in die er sich während des Veränderungsprojektes einarbeiten würde. Mitarbeit in den einzelnen Projekten wurde jetzt als Möglichkeit angesehen, sich selbst fehlende Kompetenzen anzueignen.

Durch diese Vorgehensweise bekam die ganze Aktion einen völlig anderen Charakter. Die Projekte wurden von den Beteiligten nicht mehr als zusätzliche Arbeit angesehen, sondern als eine Chance, später zukunftssichere Aufgaben übernehmen zu können. Manche Projekte hatten schließlich mehr Bewerber als notwendig.

Durch eine gute Moderation der Veranstaltung konnte schließlich eine vernünftige personelle Aufteilung zu den Projekten vorgenommen werden.

Nicht alle Stellen wurden besetzt: Die Leitung des neuen Vertriebsbereiches sollte zum Beispiel ein externer Fachmann übernehmen. Einigen Personen wurde allerdings nahegelegt, bestimmte Aufgaben nicht zu übernehmen, da die fachlichen Voraussetzungen nicht vorhanden waren und auch nicht kurzfristig erlernbar schienen. Im Großen und Ganzen war diese Veranstaltung jedoch ein großer Erfolg.

Viele Meilensteine erhalten die Motivation

Am Abend nach der Veranstaltung unterhielten sich Enders und der Geist im Turmzimmer. Enders wollte das zarte Pflänzchen der gemeinsamen Selbstverpflichtung nicht gleich wieder vertrocknen lassen und schlug daher vor, die Kollegen immer kräftig zu loben, dann würden sie voll durchstarten.

Der Geist jedoch fragte: »Wofür willst du sie denn loben?«

Enders brummte: »Das ist doch egal. Diese Methode habe ich in meiner Ausbildung gelernt.«

Der Geist fasste ernsthaft nach: »Jungchen, ich habe größte Bedenken, wenn du die Mitarbeiter plötzlich und unvorbereitet lobst. Gegen eine vernünftige Anerkennung habe ich ja gar nichts, aber dein Loben, als Methode eingesetzt, wirkt doch sehr arrogant und leicht durchschaubar. Ich fand es übrigens wirklich toll, dass du dich bei Frau Schäfers für dein Verhalten entschuldigt hast.«

»Das hätten Sie mir wohl nicht zugetraut, was?«, plusterte sich Enders auf.

Geist: »Siehst du, Jungchen, jetzt bist du leicht angesäuert, dabei habe ich dich doch gelobt. Wenn man jemanden für Dinge lobt, die als unbedeutend angesehen werden, geht der Schuss nämlich nach hinten los. Der Betreffende fühlt sich dann nicht nur nicht motiviert, sondern sogar beleidigt.«

Enders reagierte nun tatsächlich sauer: »Prima, Sie sind ja richtig gut drauf. Wird man so, wenn man sich zu lange in einer Flasche aufhält? Ich kann doch nichts dafür, dass mir der Umgang mit Emotionen nicht so liegt.«

Der Geist beschwichtigte ihn: »Deswegen lege ich dir ja nahe, Jungchen, von diesen Spielchen die Finger zu lassen. Wichtig ist, dass du glaubhaft und authentisch wirkst. Es gibt andere Methoden, die Arbeitsenergie aufrechtzuerhalten. Ich sage nur Meilensteine …!«

Enders riss die Augen auf: »Ich verstehe nur Meilensteine.«

Der Geist lachte und erläuterte: »Meilensteine sind Zwischenziele in den einzelnen Projekten und Teilprojekten. Je mehr Meilensteine man vorab definiert, desto konstanter hält man die Motivation hoch. Es ist nun einmal so, der Mensch arbeitet vor allem auf bestimmte Ziele hin. Kurz vor dem jeweiligen Zieltermin ist der Arbeitseifer besonders hoch, danach flaut er wieder ab. Studenten arbeiten wie wild vor ihrer Prüfung, danach legen sie sich wieder im Schwimmbad in die Sonne. Nur durch mehr Prüfungen bewegt man sie zu einem kontinuierlichen Arbeiten.«

Wieder nahm der Geist eine konzentrierte Haltung ein und der Bleistift zeichnete wie von selbst folgende Kurven.

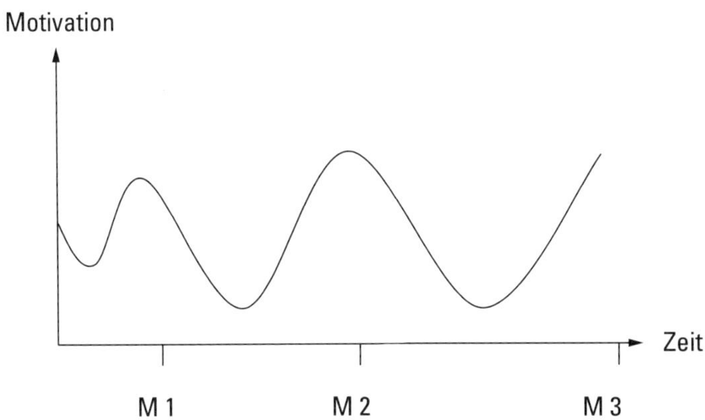

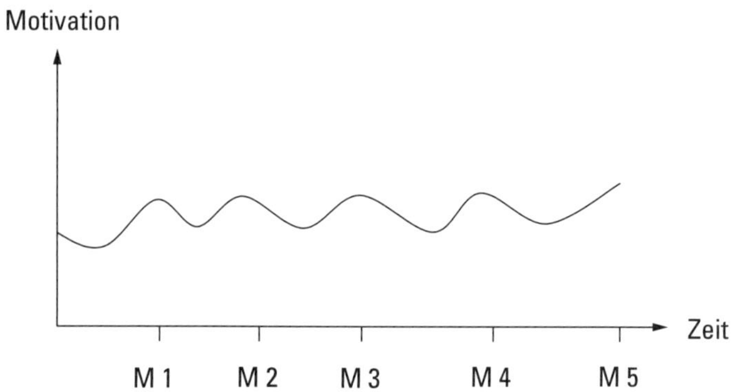

Enders erkannte die höhere Motivation in dem zweiten Bild und wollte dies den Projektleitern und Teilprojektleitern gleich mitteilen.

Doch der Geist war noch nicht fertig. Er sagte: »Diese Meilensteine bilden ein unglaublich gutes Fundament zur Überprüfung des Fortschrittes im gesamten Veränderungsprozess. Lass doch mal von den Projektbeteiligten in konstanten Zeitabschnitten abschätzen, wann die Meilensteine ihrer Meinung nach tatsächlich erreicht werden. Wenn die Einschätzungen von der ursprünglichen Planung abweichen, dann kann man frühzeitig eingreifen und gegensteuern. Man muss ja nicht immer warten, bis das Kind in den Brunnen gefallen ist.«

Enders blickte ein wenig frustriert dem Geist entgegen. Er hätte gerne die Motivation der Mitarbeiter durch schnelle Tricks und Methoden erhöht. Der Geist ahnte die Gedanken von Enders und antwortete: »Glaube mir, Jungchen, Menschen sind keine Maschinen. Wenn es dir gelingt, sie dabei zu unterstützen, ihr Schicksal selbst in die Hand zu nehmen, hast du mehr für ihre Motivation getan, als es durch alle Führungstricks der Welt möglich wäre.«

Enders nickte zustimmend und der Geist verabschiedete sich: »Ach ja – gute Nacht, Jungchen.«

Methode: Veränderungsprojekte in Subprojekte aufteilen

■ **Erster Schritt: Teilprojekte definieren.** Definieren Sie die wesentlichen Kernaufgaben der Veränderung und beschreiben Sie daraufhin einzelne Teilprojekte. Versuchen Sie, dabei möglichst viele inhaltliche Gemeinsamkeiten in jeweils einem Teilprojekt zu bündeln.

■ **Zweiter Schritt: Verknüpfungen der Teilprojekte analysieren.** Definieren Sie die Verbindungen der einzelnen Teilprojekte.

- Welche Informationen werden in einem Teilprojekt benötigt, die in einem anderen Teilprojekt erst entwickelt werden?
- Welche Meilensteinergebnisse fließen in die Bearbeitung anderer Teilprojekte ein?
- Welche Erkenntnisse benötigt man aus anderen Teilprojekten für die aktuelle Projektarbeit?

Es wird zunächst eine grobe Planung vorgenommen.
Zeichnen Sie ein vernetztes Gesamtprojektbild. Dies ermöglicht allen Beteiligten, einen klaren Überblick zu bekommen. Jeder Mitarbeiter weiß dann:

- Wer benötigt das Ergebnis meiner Arbeit?
- Von wem erhalte ich die notwendigen Informationen zur Erledigung meiner Aufgaben?

■ **Dritter Schritt: Teilprojektleitung bestimmen.** Stellen Sie eine klare Verteilung der Verantwortung sicher. Wer wird Teilprojektleiter? Dieser Auswahlprozess sollte möglichst freiwillig erfolgen, wobei sicherzustellen ist, dass die notwendigen Kompetenzen vorhanden sind.

Vierter Schritt: Personelle Zuordnung. Stellen Sie sicher, dass die notwendige Anzahl von Mitarbeitern den jeweiligen Teilprojekten zugeordnet wird. Folgende Kriterien sind dabei zu berücksichtigen:

- Freiwilligkeit und Interesse
- Kompetenz
- Persönliches Netzwerk
- Zusammenhang mit derzeitigen oder zukünftigen Aufgaben

Sichern Sie allen Beteiligten zu, dass gegebenenfalls vorhandene Kompetenzlücken über Trainings oder andere Maßnahmen geschlossen werden.

Fünfter Schritt: Offenlegung der personellen Zuordnung. Tragen Sie die Namen aller engagierten Projektmitarbeiter in das Gesamtbild ein, sodass jeder Beteiligte genau weiß, wer in welchem Projekt tätig ist. Das Gesamtbild bietet jedem Mitarbeiter eine Hilfestellung für den Aufbau seines individuellen Netzwerkes.

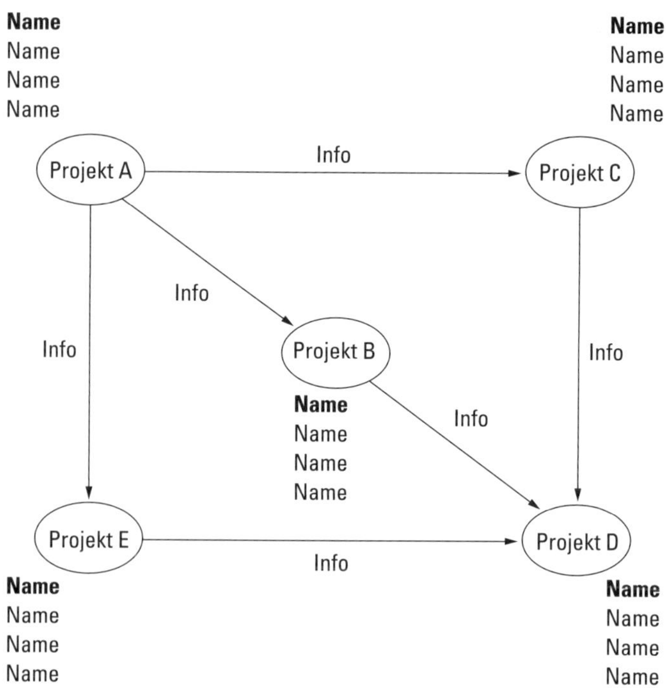

Kapitel 6: Auf der Suche nach Widerstand

Wie man verdeckten Widerstand wahrnimmt

Die Projekte im Rahmen des Veränderungsprozesses nahmen nach und nach Gestalt an. Enders fühlte, dass es langsam voranging. Der Rahmen für die Veränderung war aus seiner Sicht gesetzt. Wenn jetzt alle Mitarbeiter an einem Strang zögen, dürfte eigentlich nichts mehr passieren, dachte er.

In blendender Stimmung und etwas überschwänglich besuchte er daher den Geist in seinem Turmzimmer. Er sagte: »Na, da staunen Ihre Geistigkeit, was? Alles paletti. Der Zug rollt langsam an. ›*We are on the track*‹, wie wir Businessleute sagen.«

Der Geist zuckte zusammen, denn dieses Selbstbewusstsein von Enders kam ihm nicht gerade geheuer vor. Er erwiderte: »Dein Optimismus in allen Ehren, aber du tust ja gerade so, als ob der Veränderungsprozess schon erfolgreich beendet wäre.«

Enders erwiderte: »So weit sind wir natürlich noch nicht, aber die Weichen sind gestellt. Machen Sie sich noch ein paar schöne Tage, dann gehen Sie zurück in Ihre Flasche. Das läuft hier auch ohne Sie.« Er erschrak beinahe selbst über sein forsches Auftreten. Er fühlte sich nach den ersten Erfolgen ein wenig aufgedreht. Außerdem spürte er seitens der Belegschaft kaum noch Widerstand.

Der Geist versuchte, ihn wieder auf den Boden der Tatsachen herunterzuholen: »Jungchen, du unterschätzt das Verhalten von Menschen. Die Kuh ist hier noch lange nicht vom Eis. Ich spüre noch erheblichen Widerstand bei den Mitarbeitern.«

Enders: »Aha, das ist wohl Ihr siebter Sinn. Ich wusste gar nicht, dass Flaschengeister zu Miesepetern werden können. Wie dem auch sei, ich glaube, dass mittlerweile alle Mitarbeiter verstanden haben, worum es geht.«

Doch der Geist ließ nicht nach: »Wie gesagt, ich habe da eine ganz andere Wahrnehmung.«

Enders: »Warum sind Sie denn so schlecht drauf? Fühlen Sie sich außerhalb Ihrer Bierflasche nicht wohl? Ich mache Ihnen einen Vorschlag: Ich besuche einige Mitarbeiter an ihrem Arbeitsplatz, um sie zu beobachten und zu fragen, wie sie jetzt zu dem Veränderungsprozess stehen. Sie können mich ja virtuell begleiten.«

Der Geist willigte sofort ein, was Enders dann doch überraschte.

Formen des versteckten Widerstands

Als Erstes ging Enders direkt in das Brauereigebäude. Drei Mitarbeiter bildeten dort ein Grüppchen. Sie unterhielten sich angeregt. Sobald Enders erschien, liefen die Mitarbeiter hastig auseinander, als wären sie bei irgendetwas erwischt worden. Schließlich bekam er sie doch noch zu fassen. Er erläuterte ihnen den ganzen Change-Prozess, versuchte, etwas Persönliches von sich zu erzählen, was allerdings niemanden wirklich interessierte, und fragte schließlich die Anwesenden, ob sie etwas anzumerken oder zu fragen hätten. Die Antwort war eisiges Schweigen. Sie schauten sich nur gegenseitig an und schwiegen. Enders sagte abschließend: »Na, dann ist ja alles in Ordnung. Es freut mich, dass Ihnen nichts auf der Leber liegt, dass Sie nichts vermissen. Weiter so!«

Er verabschiedete sich von den dreien und ging weiter. Dabei konnte er aus seinem Augenwinkel beobachten, wie sie heftig miteinander diskutierten, kaum dass er sich von ihnen entfernt hatte.

Als Nächstes fragte er zwei weitere Mitarbeiter in der Brauerei nach ihrem Befinden. Sie waren so intensiv mit der Prüfung des Gärprozesses beschäftigt, dass sie Enders kaum Beachtung schenkten. Eher beiläufig blickte einer der beiden in das Gesicht von Enders und sagte: »Alles in Ordnung, keine Probleme.«

Enders erwiderte darauf: »Das ist ja wunderbar. So etwas höre ich gerne. Dann wünsche ich weiterhin viel Erfolg.«

Als er sich von ihnen entfernte, schauten sich die beiden Mitarbeiter an und schüttelten unwirsch den Kopf. Das nahm Enders aber nicht mehr wahr.

Auf dem Weg in das Büro des Braumeisters sprach Enders scheinbar zu sich selbst mit lauter Stimme: »Sehen Sie, mein lieber Geist, wo immer Sie sich jetzt befinden, hier ist alles im grünen Bereich, ganz so, wie ich es vorausgesehen hatte.«

Der Braumeister Schulte beobachtete ihn dummerweise gerade in diesem Moment, was Enders ausgesprochen unangenehm war. Schulte sagte: »Steht es schon so schlimm um unsere Brauerei, dass Sie die Geister beschwören müssen?«

Enders bekam einen roten Kopf und stammelte: »Wissen Sie, der Stress als Verantwortlicher für den Change-Prozess zwingt mich manchmal, besondere Meditationsübungen vorzunehmen, so etwas lernt man auf der Business School.«

Langsam fing sich Enders wieder und erkundigte sich nach dem Befinden des Braumeisters: »Ich gehe davon aus, dass in Ihrem Bereich alles gut läuft, oder haben Sie irgendwelche Probleme?«

Schulte schüttelte nur den Kopf, ohne jedoch etwas zu sagen. Enders fragte deshalb nach: »Was ist mit der Belegschaft? Gibt es irgendwelche Beschwerden?«

Wieder schüttelte Schulte nur den Kopf, worauf Enders versuchte, einen Scherz zu machen: »Sie sprechen hier alle nicht viel, was? Na ja, wenn man den ganzen Tag mit Maschinen zu tun hat, verliert man leicht die Übung. Aber ich sage Ihnen was: Ich schätze Mitarbeiter, die ihre Aufgabe erledigen und nicht viel herumreden.«

Schulte schwieg wieder. Schließlich erkundigte sich Enders nach den fehlenden Mitarbeitern. Er habe schließlich nur fünf Personen begrüßen können. Darauf erläuterte ihm Schulte, dass sich einige Mitarbeiter krankgemeldet hätten. Enders errechnete einen Krankenstand von fast 35 Prozent, was ihm ausgesprochen hoch erschien.

Er sagte zum Braumeister: »Tja, krank ist krank, da kann man nichts machen. Manchmal spielt der Zufall wirklich übel mit. Gerade jetzt, wo wir auf jeden Mitarbeiter angewiesen sind, da haben wir einen hohen Krankenstand. Es scheint, als ob da wirklich böse Geister am Werk wären.«

Kaum hatte er diese Worte ausgesprochen, verschluckte er sich und bekam erneut einen roten Kopf. Eiligst verließ er den Raum des Braumeisters.

Um nicht wieder unnötig aufzufallen, ging er nun bewusst schweigsam in die Werkstatt zu den Auszubildenden. Auch diesmal traf er nicht alle an. Ihm wurde mitgeteilt, dass sich zwei krankgemeldet hätten. Die anderen saßen auf einer Latte, grinsten den Worten von Enders entgegen und blödelten vor sich hin.

Einer der Auszubildenden fragte, ob man sich nicht mehr auf das Internet konzentrieren solle. Man könne sich doch den ganzen Ärger mit dem Bier sparen, wenn man entsprechende Musikvideos produzieren würde. Sein Kollege verwarf diesen Vorschlag als ineffizient, seiner Meinung nach solle man die ganze Bierproduktion nur als Instrument der Geldwäsche einsetzen, als Teil eines weltweiten Kokainhandels.

Enders versuchte, gute Miene zum bösen Spiel zu machen, und rang sich ein gequältes Lächeln ab. Wohl wissend, dass der Geist ihn beobachtete, versuchte er, möglichst sachlich zu bleiben. Da fragte ihn ein Junge: »Bekommen wir denn jetzt alle einen Kurs in Chinesisch?«

Enders vergaß daraufhin den Geist in seinem Gepäck und schimpfte: »Was fällt euch eigentlich ein? Ich stelle hier ernste Fragen und ihr antwortet nur Müll. Was soll der Quatsch?«

Die Jungs zuckten etwas zusammen und stammelten, sie hätten gehört, die Firma würde sowieso nach China verkauft werden, denn dort könne man viel kostengünstiger produzieren. Enders schüttelte nur den Kopf und ging zu seiner nächsten Station.

Er freute sich auf ein sachliches Gespräch mit Herrn Markmann aus der kaufmännischen Abteilung, als er schon von Weitem wilde Schreie aus dem Vorzimmer hörte. Frau Gild und Frau Schäfers warfen sich gegenseitig wüste Beschimpfungen an den Kopf. Erst nach einigen Minuten merkten sie, dass Enders im Zimmer stand.

Als Erste ergriff daraufhin Frau Gild das Wort: »Schön, dass Sie da sind, Herr Enders. Ich muss Ihnen einen Vorfall berichten. Dieses Wesen da drüben ist ein subversives Element, jawohl. Sie hat bewusst eine Einkaufsstatistik gelöscht, an der ich mehr als drei Tage gearbeitet habe. Herr Markmann soll glauben, dass ich ein unfähiges Huhn bin, aber da hat sich diese Gans geschnitten.«

Enders versuchte vermittelnd einzugreifen: »Frau Schäfers, was sagen Sie denn dazu?« – »Ich äußere mich nicht zu den Halluzinationen dieser unfähigen Kuh. Ich beantrage jedenfalls ein Einzelzimmer. So kann ich nicht weiterarbeiten«, erwiderte Frau Schäfers konsterniert.

Enders versuchte weiter, beruhigend auf die beiden einzuwirken: »Tja, im Berufsleben geht es manchmal ganz schön hoch her. Ich wollte mich eigentlich nur erkundigen, wie Sie den Veränderungsprozess erleben. Aber vielleicht ist der Zeitpunkt gerade ungünstig.«

Frau Gild ergriff wieder das Wort: »Im Gegenteil: Der Zeitpunkt ist sogar sehr günstig, da erfahren Sie unmittelbar, wie es hier zugeht. Ich bin so dankbar, dass wir jetzt diesen Veränderungsprozess durchlaufen. Ich war schon immer für Veränderungen. Wissen Sie, ich arbeite gerne, auch einmal etwas länger, wenn ich weiß, dass es sinnvoll ist. Ich bin sehr glücklich, dass Sie jetzt diesen Change-Prozess leiten.«

Daraufhin wurde sie von Frau Schäfers unterbrochen: »Hören Sie bloß nicht auf diese falsche Schlange. Wenn es nach mir gehen würde, hätten wir diese Änderungen schon längst durchgeführt. Aber auf mich hört hier keiner. Wissen Sie, selbst die schönste Blume kann sich nicht entfalten, wenn sie von lauter Betonklötzen umgeben ist, wenn Sie verstehen, was ich meine.«

Enders drängte es, den Raum wieder zu verlassen. Er sagte etwas verstört: »Tja also, nun äh, offensichtlich sieht jede von Ihnen den Veränderungsprozess als notwendig und Erfolg versprechend. Das wollte ich eigentlich nur wissen. Wo ist denn eigentlich Herr Markmann?«

Frau Schäfers antwortete: »Herr Markmann ist in letzter Zeit öfter nicht an seinem Platz. Er hat eine gute betriebswirtschaftliche Ausbildung, wahrscheinlich bewirbt er sich schon bei einer anderen Firma. Ich würde es ihm nicht verdenken.«

Auf dem Hof der Brauerei traf Enders noch Frau Sikorsky aus der Personalabteilung. Sie debattierte mit ihrer Mitarbeiterin, Frau Schröder, ob man den Blumenkübel auf dem Firmenparkplatz entfernen solle oder nicht. Nach einigen Minuten heftigen Wortgefechtes schaltete sich Enders in das Gespräch ein und fragte die Damen nach ihrer Bewertung des Veränderungsprozesses. Fast erstaunt blickten beide auf Enders und antworteten unisono: »Sehr schön, alles läuft wunderbar.« Kurz danach debattierten beide wieder heftig über besagten Blumenkübel.

Enders wankte zurück in sein Büro und bereitete sich auf seine Aussprache mit dem Geist vor, der seine ganzen Personalgespräche mitbekommen hatte.

Den Widerstand aktiv suchen

Im Turmzimmer angekommen, ergriff Enders gleich das Wort: »Tja, Geist Allwissend, da staunen Sie, was? Manche Gespräche waren vielleicht etwas ungewöhnlich, aber es gab kein böses Wort zu dem Veränderungsprozess. Ehrlich gesagt, ich hätte durchaus mit etwas mehr Widerstand gerechnet, aber so ist es umso besser.«

Der Geist konnte nur murmeln: »Wem Ohren gegeben, der möge hören« – und eröffnete so ein heftiges Zwiegespräch.

Enders: »Wem Geist gegeben, der möge denken. Was wollen Sie mit diesen Worten andeuten?«

Geist: »Ich glaube, du hast nur gehört und gesehen, was du hören und sehen wolltest. Ich gebe zu, dass hier keiner verbal offenen Widerstand geäußert hat. Das ist schade.«

Enders: »Auf welcher Seite stehen Sie eigentlich?«

Geist: »Deswegen schade, weil man offenen Widerstand schnell erkennt und man durch entsprechende Argumentation diesen Widerstand meistens brechen kann. Wenn jemand sich die Mühe macht, Gegenargumente zusammenzutragen, dann macht er doch auch sein Interesse an der Veränderung deutlich. Er zeigt, dass ihm das Thema wichtig ist, selbst wenn er anderer Meinung ist.«

Enders: »So kann man es natürlich auch sehen.«

Geist: »Ernsthaft, Jungchen, über offenen Widerstand solltest du dich freuen. Hier wird die Basis für eine vernünftige Argumentation gelegt. Viel schlimmer steht es um den versteckten Widerstand. In diesem Fall kann man nicht mit offenem Visier kämpfen.«

Enders: »Noch besser wäre es ja wohl, wenn es gar keinen Widerstand gäbe.«

Geist: »Jungchen, wenn du bei einer solch gewaltigen Aufgabe keinen Widerstand spürst, dann hast du irgendetwas falsch gemacht. Widerstand gehört zu Veränderungsprozessen wie der Schaum zum Bier.«

Enders: »Was soll ich denn machen? Kein Mitarbeiter hat sich negativ zur Veränderung geäußert.«

Geist: »Du darfst eben nicht nur auf den Wortlaut achten, sondern auf alle ungewöhnlichen Verhaltensweisen. Es ist doch nicht normal, wenn Mitarbeiter in einer für sie so wichtigen Angelegenheit schweigen, herumalbern oder sich mit Nebensächlichkeiten wie dem Aufstellen von Blumenkübeln beschäftigen.«

Enders stimmte zu, dass dieses Verhalten ungewöhnlich war. Der Geist fuhr fort: »Achte auf Gerüchte, Jungchen. Wir wissen beide, dass niemand plant, eine Verlagerung der Produktion nach China vorzunehmen. Dass aber überhaupt ein solches Gerücht existiert, deutet auf einen versteckten Widerstand hin.«

Enders fügte hinzu: »Das Gespräch mit den etwas erregten Damen im Vorzimmer von Herrn Markmann sollte mich wohl auch stutzig machen?«

Der Geist bestätigte dies: »Allerdings. Diese Streitlust ist doch sonst nicht üblich. Hier werden regelrecht Intrigen gesponnen. Und das ist übrigens ein typisches Zeichen für versteckten Widerstand.« Enders seufzte: »Puh.«

Der Geist fügte hinzu: »Ich blase mich so auf, weil an dieser Stelle häufig ein Fehler in Veränderungsprozessen gemacht wird. Aus Unerfahrenheit oder einfach Bequemlichkeit übergeht man den vorhandenen Widerstand. Gerade jetzt am Anfang der Veränderung hätte man noch die Möglichkeit, entsprechend gegenzusteuern.«

Enders seufzte wieder: »Den Widerstand regelrecht zu suchen macht natürlich nicht gerade Freude.«

Geist: »Noch weniger Freude macht es, am Ende des Projektes vor einem Scherbenhaufen zu stehen. Wenn Projekte scheitern, findet man schnell einen sachlogischen Grund. Die wahre Ursache liegt jedoch in vielen Fällen im nicht erkannten Widerstand der Mitarbeiter.«

Enders gab sich geschlagen. Er sah ein, dass hier noch einiges aufzuarbeiten war.

Der Geist versuchte, ihn wieder aufzubauen: »Ich schreibe dir die Anzeichen für Widerstand auf einen Zettel, dann hast du sie alle auf einen Blick.« Er krümmte sich, gab Laute der Anstrengung von sich und wie von Geisterhand malte der auf dem Tisch liegende Bleistift folgende Matrix auf ein Blatt Papier.

	Verbal (Reden)	**Nonverbal (Verhalten)**
Aktiv (Angriff)	**Widerspruch** Gegenargumentation Vorwürfe Polemiken Drohungen Sturer Formalismus	**Aufregung** Unruhe Streit Intrigen Gerüchte Cliquenbildung
Passiv (Flucht)	**Ausweichen** Schweigen Bagatellisieren Blödeln Ins Lächerliche ziehen Unwichtiges debattieren	**Lustlosigkeit** Unaufmerksamkeit Müdigkeit Fernbleiben Innere Emigration Krankheit

Der Geist überreichte Enders das Blatt Papier: »Hier hast du eine Übersicht. Nur ein geringer Teil des Widerstandes wird durch aktives und verbales Verhalten zum Ausdruck gebracht. Der viel größere Teil erfolgt passiv und nonverbal. Eine Führungskraft, die für den Veränderungsprozess verantwortlich ist, sollte wie ein Radar funktionieren. Jede kleinste Verhaltensweise ist zu registrieren und darauf abzuklopfen, ob sie ein Anzeichen für Widerstand ist.«

Enders fragte nach: »Tja, und was mache ich, wenn ich die entsprechenden Anzeichen festgestellt habe?«

Der Geist erläuterte ihm die Vorgehensweise: »Dann musst du mit den betreffenden Personen ein vertrauensvolles Gespräch führen. Du solltest sie dazu bringen, ihre Ablehnung zu begründen. Dann erst bist du in der Lage, mit Argumenten ihre Sorgen und Ängste zu vertreiben. Es bedarf allerdings eines nicht geringen Fingerspitzengefühls, die Betreffenden dazu zu bewegen, ihren Unmut zu verbalisieren.«

Enders hakte nach: »Ich soll also allen Ernstes die Mitarbeiter in die Position von Widerständlern bringen, um mit ihnen dann darüber zu diskutieren, wie sie ihren Widerstand wieder aufgeben.«

Und der Geist bestätigte ihn: »Genau so ist es, Jungchen. Aber: Du sollst den Widerstand den Mitarbeitern nicht aufschwatzen. Es geht vielmehr darum, den ohnehin vorhandenen Widerstand aufbrechen zu lassen, damit man ihm vernünftig begegnen kann.«

Enders war das alles noch nicht so ganz klar: » Was sind das eigentlich für Sorgen und Ängste, von denen die Mitarbeiter geplagt werden?«

Der Geist erklärte ihm: »Aus meiner Erfahrung gibt es fünf verschiedene Aspekte, die Ängste auslösen. Sie finden sich bei jeder Veränderung immer wieder:

- Arbeitsplatzverlust,
- Lohn- und Gehaltskürzung,
- Verlust persönlicher Kontakte,
- fehlende Anerkennung sowie
- geringere persönliche Entwicklungsmöglichkeiten.

Die Angst vor einem Arbeitsplatzverlust ist sicherlich am schwerwiegendsten. Deswegen ist es bei jeder Veränderung so wichtig,

dass man mit denjenigen Mitarbeitern den Veränderungsprozess gestaltet, die sicher sein können, in absehbarer Zeit ihren Arbeitsplatz zu behalten.«
Enders stellte fest: »Den Punkt haben wir ja eigentlich schon erfolgreich hinter uns gebracht. Aber vermutlich sind trotz aller Beteuerungen die Ängste um den Arbeitsplatz nicht ganz verschwunden. Wenn die anderen Ängste noch dazukommen, dann entwickelt sich ja ein unheimliches Gebräu.«
Geist: »Deswegen befinden wir uns ja in einer Brauerei.«
Enders: »???«
Geist: »Das war ein Scherz.«
Enders: »Ach ja.«

Der Geist merkte, dass er Enders mit seinem Scherz überfordert hatte, und entschuldigte sich: »Verzeihung, kommt nicht wieder vor. Aber du hast recht. Diese Ängste lassen sich zwar theoretisch trennen, in der Praxis überlagern sie sich und sind den Betroffenen selbst oft gar nicht in ihrer reinen Form bewusst.«

Enders: »Das ist ja wunderbar. Erst soll ich einen Widerstand entdecken, der auf den ersten Blick gar nicht zu erkennen ist. Dann soll ich womöglich noch Ängste entwirren, die dem Betreffenden selbst gar nicht bewusst sind. Von diesen Tätigkeiten habe ich nichts in meiner Stellenbeschreibung gelesen. Ich bin doch kein Geist, sondern ein Mensch.«

Der Geist robbte etwas zurück und sagte: »Tja, es hat keiner gesagt, dass die Aufgabe des Change-Managers ein reines Zuckerschlecken wäre. Aber um zu wissen, wie du den Betroffenen helfen kannst, dazu brauchst du kein Geist zu sein, da reichen ein paar richtig eingesetzte Coachingtechniken.«

Enders war erschöpft von der ganzen Diskussion. Deswegen verließ er das Turmzimmer überstürzt und verlegte alle weiteren Diskussionen auf das nächste Treffen.

Methode: Widerstand wahrnehmen

■ **Erster Schritt: Mentale Einstellung.** Sehen Sie Widerstand als eine natürliche Begleiterscheinung jeder Veränderung an. Machen Sie sich bewusst, dass Widerstand in unterschiedlichen Formen auftritt. Man kann ihm nur dann sinnvoll begegnen, wenn er offen zutage tritt. Bei verstecktem Widerstand handelt es sich nur in seltenen Fällen um bewusste Provokationen, oftmals basiert er auf unbewusstem Verhalten.

■ **Zweiter Schritt: Widerstand aktiv suchen.** Suchen Sie nach Anzeichen des Widerstandes. Fahren Sie dabei wie ein Radarwagen durch Ihr Umfeld. Bewerten Sie nicht voreilig, vielleicht hat eine bestimmte Verhaltensweise auch ganz andere Ursachen.

	Verbal (Reden)	**Nonverbal (Verhalten)**
Aktiv (Angriff)	**Widerspruch** Gegenargumentation Vorwürfe Polemiken Drohungen Sturer Formalismus	**Aufregung** Unruhe Streit Intrigen Gerüchte Cliquenbildung
Passiv (Flucht)	**Ausweichen** Schweigen Bagatellisieren Blödeln Ins Lächerliche ziehen Unwichtiges debattieren	**Lustlosigkeit** Unaufmerksamkeit Müdigkeit Fernbleiben Innere Emigration Krankheit

■ **Dritter Schritt: Widerstand offenlegen.** Thematisieren Sie auffälliges Verhalten mit den Betreffenden, ohne dabei vorwurfsvoll zu wirken. Zeigen Sie Verständnis für die Situation Ihres Gesprächspartners. Versuchen Sie, durch gezielte Fragen die wahren Hintergründe einer möglichen Ablehnung herauszufinden. Achten Sie darauf, dass Ihr Gesprächspartner in jedem Fall sein Gesicht wahren kann.

Kapitel 7: Der Change-Coach

Wie man Mitarbeiter durch Coachingfragen unterstützt

In der Nacht schlief Enders schlecht. Ein sonderbarer Traum quälte ihn. Als Oberbrandmeister war er für die Leitung eines Feuerwehreinsatzes verantwortlich. Obwohl die Flammen loderten, verhielten sich die Einsatzkräfte äußerst inaktiv. Zwei Feuerwehrmänner unterhielten sich über die Fußballergebnisse der letzten Woche, andere machten eine Zigarettenpause. Enders lief zwischen ihnen hin und her, gab Befehle, aber keiner schien auf ihn zu hören. Ein Feuerwehrmann machte absichtlich einen Knoten in den Schlauch. Nach und nach lachten schließlich alle Feuerwehrleute, während Enders schreiend versuchte, Befehle zu geben. Es war ein absurdes Schauspiel. Es war eine Erlösung für Enders, als er endlich schweißgebadet aufwachte.

Enders deutete diesen Traum als Hinweis auf den verdeckten Widerstand, den er bisher übersehen hatte. Kurz entschlossen bestellte er Frau Gild in sein Büro. Er erinnerte sich noch genau an die verschiedenen Ängste, die ihm der Geist gestern aufgezeigt hatte. Er wollte sich dem Widerstand stellen und Frau Gild in bester Absicht diese Ängste nehmen. Enders begrüßte sie und sagte einleitend: »Schön, dass Sie Zeit gefunden haben. Ich wollte mit Ihnen noch einmal persönlich über den Veränderungsprozess sprechen.«

Frau Gild fragte vorsichtig: »Warum gerade mit mir? Habe ich etwas falsch gemacht? Hat Frau Schäfers Ihnen irgendetwas gesagt? Glauben Sie ihr kein Wort.«

Doch Enders beruhigte sie: »Keine Sorge, mit Frau Schäfers habe ich überhaupt nicht gesprochen. Ich meine, vielleicht fühlen Sie sich mit der neuen Situation einfach in irgendeiner Weise unwohl.«

»Wie kommen Sie denn darauf? Sagen Sie doch, wenn Sie mit mir nicht zufrieden sind. Ich habe mir nichts vorzuwerfen«, antwortete

Frau Gild mit Argwohn. Enders atmete tief durch: »Ich will Ihnen doch nichts vorwerfen. Es ist doch selbstverständlich, dass Sie in einer solch schwierigen Phase, in der wir uns alle befinden, ein wenig ängstlich sind.« Doch dadurch wurde der nun folgende Dialog nur noch angeheizt.

Gild: »Ist die Situation denn so schlimm?«
Enders: »Eben nicht, deswegen rede ich ja mit Ihnen.«
Gild: »Ich wusste gar nicht, dass es so schlimm um mich steht.« Ihr lief eine Träne über die Wange. Sie schluchzte auf.
Enders: »Sie machen sich vielleicht Sorgen um Ihren Arbeitsplatz? Das ist durchaus verständlich.«
Gild: »Also doch.«
Enders bekam zunehmend Schweißperlen auf seiner Stirn. Er beteuerte: »Nein, nicht doch, ich versuche Ihnen ja gerade diese Angst zu nehmen.«
Gild: »Was hat Ihnen dieses Miststück gesagt?«
Enders: »Nun lassen Sie doch mal Frau Schäfers aus dem Spiel. Ich habe mit ihr wirklich nicht gesprochen.«

Frau Gild geriet immer mehr außer sich. Sie konnte kaum ihre Tränen unterdrücken und schluchzte heftig: »Sie haben doch selbst gesagt, dass ich einen guten Grund habe, mir Sorgen um meinen Arbeitsplatz zu machen.«

Enders verstand die Welt nicht mehr: »Das habe ich so bestimmt nicht gesagt.«

Frau Gild sagte resignierend: »Wenn Sie mich loswerden wollen, bitte. Es ist ja heutzutage nicht wichtig, wie viele Jahre man sich für die Firma aufgeopfert hat. Am Ende zählt man eben zum alten Eisen und wird einfach aussortiert.«

Enders hatte irgendwie das Gefühl, dieses Gespräch entwickle sich in eine falsche Richtung. Dennoch ließ er nicht ab und sagte: »Eigentlich wollte ich Sie nur beruhigen. Vielleicht sorgen Sie sich um die Ihnen gebührende Anerkennung. Auch das kann ich gut verstehen.«

Frau Gild brach daraufhin in einen lauten Heulkrampf aus. Genau in diesem Moment betrat Herr Markmann das Büro von Enders.

Als er Frau Gild heulend dasitzen sah, gab er ihr ein Taschentuch und erkundigte sich nach dem Grund ihrer Verzweiflung.

Sie antwortete trotzig: »Ich bin hier nicht mehr gut genug. Was ich hier mache, findet bei diesem Herrn keine Anerkennung, und ich täte verdammt gut daran, mir Sorgen um meinen Arbeitsplatz zu machen. Das hat mir Herr Enders eben mitgeteilt.«

Enders wedelte mit den Armen und beteuerte, dass er eigentlich genau das Gegenteil sagen wollte. Er versicherte erneut, dass Frau Gild sich keinerlei Sorgen zu machen brauche. Schließlich wurde sie von Herrn Markmann in den Arm genommen und von ihm aus dem Büro geleitet.

Vorgehen im Veränderungscoaching

Enders saß da wie ein begossener Pudel. Gesenkten Hauptes schlich er in das Turmzimmer, wo der Geist schon auf ihn wartete und ihn mit den Worten begrüßte: »Das war wirklich eine echte Glanzleistung von dir. Wenn du noch mehr solche Gespräche führst, sind wir bald alle Mitarbeiter los.«

Enders versuchte mittlerweile nur noch halbherzig, zu erläutern, dass er es nur gut gemeint hatte. Er wollte eigentlich Frau Gild etwas aus der Reserve locken, um ihren versteckten Widerstand aufzubrechen. Der Geist schüttelte missbilligend seinen Kopf und bemühte sich, Enders gegenüber ruhig zu bleiben. Schließlich sagte er: »Veränderungssituationen sind eine äußerst komplexe Angelegenheit. Da lässt sich mit Hauruckaktionen überhaupt nichts erreichen. Der größte Fehler, den du gemacht hast, war, dass du Frau Gild deine Gedanken und Vorstellungen regelrecht aufgezwungen hast. Das ist unglaublich fahrlässig. Da musst du schon viel subtiler vorgehen.«

Enders wandte ein: »Das hatte ich ja vor.«

Doch der Geist ließ nicht locker: »Du bist hier nicht als Ratgeber gefragt, sondern als Coach. Das heißt, dass du lediglich eine Hilfe zur Selbsthilfe leisten kannst. Das bedeutet aber, dass du dich viel mehr zurücknehmen musst. Du kannst deinem Gesprächspartner nur dann eine wertvolle Hilfe sein, wenn du dich nicht benimmst wie ein Elefant im Porzellanladen.«

Enders zuckte mit den Schultern: »Was hätte ich also besser machen können?«

Der Geist erklärte ihm geduldig: »Das fängt schon mit der Gesprächsinitiierung an. Die Art und Weise, wie du Frau Gild in dein Büro bestellt hast, lieferte nicht gerade die Basis für ein vertrauensvolles Gespräch. Sie machte sich schon Sorgen, bevor das Gespräch überhaupt begonnen hatte. Solche Gespräche basieren auf Freiwilligkeit. Am besten wäre es, der Gesprächswunsch käme von dem Mitarbeiter selbst. Du kannst gerne ein Coachinggespräch anbieten. Die Entscheidung darüber sollte aber beim Mitarbeiter liegen.«

Und der Geist fuhr fort. »Die notwendige Zurückhaltung während des Gespräches erreichst du durch eine angemessene sprachliche Vorgehensweise. Verwende öfter mal den Konjunktiv: *Könnte es sein, dass …?* Oder: *Wäre es möglich, dass …?*«

Enders meinte dazu: »Das letzte Wort soll wohl mein Gesprächspartner haben, was? Ich glaube, das wird mir schwerfallen.«

Der Geist empfahl ihm: »Dann beiße dir auf die Zunge. Du solltest in jedem Fall verhindern, dass deine Gedanken das Gespräch dominieren. Der Gesprächspartner soll sich im Gespräch seiner Situation bewusst werden. Dabei kannst du ihm helfen.«

Enders gab zu bedenken: »Ich will aber nicht nur, dass mein Gesprächspartner für sich zu einer Erleuchtung kommt, sondern dass er auch seinen Widerstand aufgibt.« – »Eins nach dem anderen, Jungchen. Selbst dieses Ziel erreichst du wohl kaum mit Druck.«

Enders wollte es nun genau wissen: »Wie führe ich denn nun ein solches Gespräch, großer Meister?«

Der Geist erläuterte ihm, was er bei einem solchen Gespräch beachten sollte: »Ich schlage dir ein Gespräch in vier Phasen vor: In der Orientierungsphase gibst du deinem Gesprächspartner eine Orientierung über das anstehende Gespräch. Was hat er von dem Gespräch zu erwarten? Was ist das Ziel des Coachinggesprächs? Unterschätze diese Phase nicht und lass dir dafür Zeit. Wie gesagt, in Veränderungssituationen sind alle Beteiligten unsicher und nervös. Vergewissere dich, ob dein Gesprächspartner wirklich ein Interesse an dem Gespräch hat. Es muss wohl nicht extra erwähnt werden, dass man sich angenehme Räumlichkeiten suchen sollte, die ein ungestörtes Gespräch ermöglichen. Kaffee und Tee lockern die Atmosphäre auf. Versuche, mit deinem Gesprächspartner an einem Tisch über Eck zu sitzen, das ermöglicht eine gleichberechtigte Kommunikation.

In der anschließenden Klärungsphase geht es um die Analyse der aktuellen Situation. Wie steht der Gesprächspartner wirklich zur Veränderung? Welche Sorgen treiben ihn um? Welche geheimen Wünsche verbindet er vielleicht mit der Veränderung? Die Ängste, die wir gestern besprochen hatten, könnten vorsichtig angesprochen werden. Auch für diese Phase solltest du dir ausreichend Zeit nehmen. Wenn hier etwas vergessen oder falsch dargestellt wird, sind sämtliche weiteren Schritte zum Scheitern verurteilt.

In der Aktionsphase überlegt man gemeinsam, welche Maßnahmen geeignet sind, damit sich der Gesprächspartner besser mit der Veränderung arrangieren kann. Wenn er beispielsweise wirklich Angst vor fehlender Anerkennung hat, könnte eine gezielte Weiterbildung zweckmäßig sein. Vielleicht sollte seine neue Aufgabe so verändert werden, dass er seine Fähigkeiten besser einbringen kann. Wenn er dagegen Angst vor dem Verlust von bestehenden sozialen Kontakten hat, könnte man überlegen, wie man diese Kontakte nach der Veränderung bestehen lassen kann. Was immer in dieser Phase entwickelt wird, es ist ungeheuer wichtig, dass der Mitarbeiter voll und ganz dahintersteht.

In der Abschlussphase schließlich stellt man gemeinsam fest, welche konkreten Aktionen durchgeführt werden sollen und ob es einer Fortsetzung des Gespräches bedarf. Eine kurze Reflexion zu dem Gespräch könnte eine nützliche Abrundung bilden.«

Enders saß da und notierte sich eifrig die Anregungen des Geistes. Schließlich räusperte er sich und sagte: »Das klingt alles sehr schön, aber mir ist das irgendwie zu theoretisch. Überlegen Sie mal, wenn ich mit jedem Mitarbeiter der Brauerei eine solche Gesprächsarie vollziehen würde, dann können wir das Ende des Change-Prozesses auf den Sankt-Nimmerleins-Tag verschieben. Außerdem bezweifle ich, dass ein solches Gespräch etwas bringt, wenn ein Mitarbeiter absolut gegen das Projekt eingestellt ist.«

Der Geist nickte: »In letzterem Punkt stimme ich dir eindeutig zu. Wenn jemand absolut negativ eingestellt ist, wird er aber auch nicht freiwillig ein Coaching nachsuchen. Insofern stellt sich diese

Extremsituation gar nicht. Veränderungscoaching ist kein Allheilmittel, aber ein wichtiges Instrument, um vor allem noch zweifelnde Mitarbeiter zu einer positiveren Einstellung zu bewegen.«

Enders murrte vor sich hin und sagte schließlich: »Mag sein, aber mit dem anderen Argument habe ich doch recht. Allein zeitlich würde ich es gar nicht schaffen, alle Gespräche zu führen. Einmal abgesehen davon, dass dies nicht gerade zu einem gehäuften Ausstoß von Endorphinen bei mir führen würde.«

Der Geist verzweifelte fast: »Denke daran: Du bist nicht alleine auf der Welt. Es gibt viele Mitstreiter. Alle Führungskräfte haben eine besondere Verantwortung. Sie sind ein wichtiger Pfeiler in der kaskadenförmigen Ausbreitung der Veränderung. Die Methoden des Veränderungscoachings sollte jede Führungskraft heutzutage beherrschen.«

Enders machte ein zweifelndes Gesicht, worauf der Geist sagte: »Man kann zur Vorbereitung solcher Gespräche eine Checkliste mit typischen Fragestellungen zu Hilfe nehmen. Aber komm bitte nicht auf die Idee, diese Fragen wortwörtlich abzulesen. Dann würde sich der Gesprächspartner vorkommen wie bei einem Verhör. Diese Fragen können nur Hilfestellungen sein. Das eigentliche Gespräch bedarf einer vertrauensvollen und wohlwollenden Atmosphäre. Wenn diese nicht vorliegt, sollte man auf das Gespräch lieber verzichten.«

Enders schmollte: »Glauben Sie wirklich, ich hätte diese Fragen wortwörtlich im Gespräch vorgetragen?« Der Geist blickte lange schweigend auf Enders und befand, besser nichts zu sagen.

Enders sagte beleidigt: »Viel trauen Sie meiner Kommunikationsfähigkeit ja nicht zu. Ich werde mit den Führungskräften sprechen, damit sie ihren Mitarbeitern entsprechende Gespräche anbieten. Haben Sie noch einen Tipp für diese Gespräche?«

Geist: »Schweige!«

Enders: »Sind Sie jetzt sauer auf mich?«

Geist: »Blödsinn, ich meine, der Coach sollte in den Gesprächen nicht allzu viel reden. Durch längere Schweigephasen bringt er den Gesprächspartner zu neuen Überlegungen, ohne ihn dabei unter Druck zu setzen.«

Enders schwieg daraufhin und verließ – immer noch etwas verschnupft – das Turmzimmer.

Methode: Coachinggespräch im Veränderungsprozess

■ **Erster Schritt: Vorbereitung.** Bieten Sie Ihr Veränderungscoaching offen an. Betonen Sie die Vertraulichkeit eines solchen Gespräches. Picken Sie nicht einzelne Mitarbeiter mit Ihrem Angebot heraus. So vermeiden Sie, dass sich einzelne Personen schon vor dem Gespräch Sorgen machen.

■ **Zweiter Schritt: Orientierungsphase.** Versuchen Sie, eine gelockerte Atmosphäre herzustellen. Vermeiden Sie jede individualisierte Vorwegnahme von möglichen Gefühlen. Vermeiden Sie auch jedwede übertriebene Psychologisierung. Machen Sie deutlich, dass es sich hier um ein spezielles Gespräch handelt, in dem Sie die Rolle des Coaches übernehmen. Um eine offene Gesprächsatmosphäre zu erzeugen, können Sie darauf hinweisen, dass jede Veränderung Sorgen, Ängste und Unsicherheiten mit sich bringt. Vermeiden Sie jedoch jegliche Unterstellung.

■ **Dritter Schritt: Klärungsphase.** Vermeiden Sie jeglichen Zeitdruck. Stellen Sie Fragen, die zur Reflexion über die eigene Situation führen. Legen Sie dem Gesprächspartner keine Worte in den Mund, sondern lassen Sie ihm immer das letzte Wort. Verwenden Sie als Hilfsmittel den folgenden Fragenkatalog. Ertragen Sie längere Zeiten des Schweigens. Der Gesprächspartner kann so für sich neue Gedanken entwickeln. Ihr oberstes Ziel sollte sein, Ihrem Gesprächspartner bei der Analyse seiner eigenen Situation zu helfen.

Checkliste geeigneter Fragestellungen in der Klärungsphase
■ Wie empfinden Sie Ihre aktuelle Situation?
■ Fühlen Sie sich ausreichend informiert?

- Gibt es hinsichtlich der Veränderung etwas, das Ihnen noch unklar ist?
- Welche Hürden sehen Sie in Ihrem Bereich, die zu überwinden sind?
- Was könnte aus Ihrer Sicht schlimmstenfalls passieren?
- Wie würde sich die Situation wohl entwickeln, wenn auf den Veränderungsprozess verzichtet werden würde?
- Gibt es etwas, das Sie ganz persönlich bedrückt?
- Sehen Sie Ihre berufliche Entwicklung durch die Veränderung eher bedroht oder gestärkt? Was veranlasst Sie konkret zu dieser Annahme?
- Fühlen Sie sich aus fachlicher Sicht ausreichend unterstützt, um Ihre neuen Aufgaben erfolgreich zu erledigen?

■ **Vierter Schritt: Aktionsphase.** Aufbauend auf den Ergebnissen der Klärungsphase, kann man nun gemeinsam überlegen, welche Maßnahmen oder Aktionen durchzuführen wären, um bestehende Unsicherheiten zu reduzieren. Sie können als Coach Anregungen geben; die eigentlichen Ideen sollten aber von Ihrem Gesprächspartner selbst kommen. Lassen Sie sich nicht in die Rolle des Basarhändlers drängen, der einen Vorschlag nach dem anderen macht. Die inhaltliche Verantwortung liegt bei dem Gesprächspartner, nur er weiß, was in seiner Situation wirklich gut für ihn ist. Verwenden Sie hier als Hilfsmittel folgenden Fragenkatalog.

Checkliste geeigneter Fragestellungen in der Aktionsphase:

- Stellen Sie sich vor, der Veränderungsprozess läuft für Sie ideal, wie würde das Ergebnis aussehen?
- Was könnten Sie tun, um diesen idealen Zustand zu erreichen?
- Was könnten Kollegen tun, um den idealen Zustand zu erreichen?
- Was könnte ich als Führungskraft tun, um den idealen Zustand zu erreichen?
- Wie würde wohl eine Person, die Sie sehr schätzen, in Ihrer Situation reagieren?

- Was müsste aus Ihrer Sicht sichergestellt werden, damit die von Ihnen genannten Hürden überwunden werden?
- Wie könnte gegebenenfalls eine fachliche Unterstützung für Sie aussehen?
- Gibt es etwas, was Sie jetzt tun könnten, um Ihre vorhin erwähnten Sorgen zu vertreiben?
- Gibt es etwas, was ich als Vorgesetzter jetzt tun könnte, um Ihre vorhin erwähnten Sorgen zu vertreiben?

■ **Fünfter Schritt: Abschlussphase.** Versuchen Sie, das Gespräch in konkrete Maßnahmen zu überführen, ohne dabei Druck auszuüben. Bieten Sie ein Folgegespräch an. Viele eigene Gedanken müssen sich bei dem Gesprächspartner erst einmal setzen.

Kapitel 8: Die Stärken ausspielen

Wie der Einsatz individueller Stärken die Motivation erhöht

Enders war in letzter Zeit sehr beschäftigt, deswegen riss der Kontakt zum Flaschengeist ein wenig ab. Eigentlich verlief in den Projekten alles nach Plan, dennoch spürte Enders eine verhaltene Stimmung. In den Fluren hörte er neben optimistischen Einschätzungen immer auch defätistische Bemerkungen: »*Das wird sowieso nichts*«, »*Die wickeln uns alle ja doch nur ab*«. Das waren nur einige der Bemerkungen, die Enders aufschnappte.

Ein kräftiges Rumpeln im Turmzimmer deutete darauf hin, dass Enders mal wieder zum Gespräch geladen war. Ohne Umschweife eilte er die Treppe hinauf. Als Enders im Turmzimmer erschien, kam der Geist gleich zu seinem Thema. Er sagte: »Als Geist habe ich so gewisse Möglichkeiten. Ohne erkannt zu werden, schlich ich mich in einzelne Projekte. Ich habe die Arbeit beobachtet, ohne dass ich dabei von den Mitarbeitern wahrgenommen wurde. Formal lief dort nach meiner Beurteilung alles bestens. Es wurden Zieldefinitionen durchgeführt, Projektstrukturpläne angefertigt, Meilensteine eingeplant, Methoden der Netzplantechnik angewendet und alles wurde korrekt eingesetzt. Trotzdem beobachtete ich teilweise eine große Unzufriedenheit in den Gesichtern der Mitarbeiter.«

Er erläuterte weiter: »Jeder Mensch hat Stärken und Schwächen. Es wäre einfach wesentlich geschickter, wenn sich jeder Mitarbeiter auf seine Stärken konzentrieren würde.«

Enders pflichtete dem Geist ein wenig desinteressiert bei: »Meinen Segen haben Sie …«

Nun wurde der Geist energisch: »Sprich nicht von Dingen, von denen du keine Ahnung hast. Du bist nicht berechtigt, einen Segen zu erteilen. Das Problem ist doch, dass sich die Menschen vor allem mit ihren eigenen Schwächen beschäftigen. Es scheint ihr vorrangiges Ziel zu sein, ihre Schwächen zu beseitigen, statt ihre Stärken zu verbessern.«

Enders zuckte mit den Schultern: »Ich verstehe nicht ganz, wo Sie jetzt wieder ein Problem sehen.«

Der Geist erläuterte: »Ich gebe dir ein Beispiel: Die Tochter von Frau Sikorsky ist hervorragend in der Schule. Sie liebt musische Fächer und Deutsch. Lediglich in Mathematik ist sie ziemlich schlecht. Statt sich nun mit Freuden auf ihre Stärken zu konzentrieren und zu musizieren und zu lesen, übt sie jeden Nachmittag stundenlang Mathematik, um in dem Fach ihre Note zu verbessern. Dass sie dabei immer missmutiger wird, brauche ich wohl nicht weiter zu erwähnen.«

Enders konnte ein Gähnen nicht unterdrücken. Der Geist fuhr jedoch unbeirrt fort: »Der Mensch sieht es offensichtlich als sein wesentliches Ziel an, keine Fehler zu haben oder zu machen, deswegen beschäftigt er sich den Großteil seiner Zeit eben mit diesen Mängeln. Auf diese Idee würden Flaschengeister überhaupt nicht kommen. So ein Verhalten macht doch depressiv. Würden sich die Menschen ebenfalls auf ihre Stärken konzentrieren, gingen sie mit sehr viel mehr Freude an neue Aufgaben heran.«

Der Geist fuhr fort: »Was man gut kann, das macht einem doch auch Spaß. Außerdem entwickelt man in diesen Bereichen nicht selten richtige Spitzenleistungen. Ich sage nur: *Stärken stärken statt Schwächen schwächen.*«

Enders machte schon Anzeichen, das Zimmer wieder zu verlassen, woraufhin der Geist mit erhobener Stimme sprach: »Was meinst du denn, Jungchen, warum ich dir das alles erzähle? Gerade in Veränderungsprojekten sucht jeder Mitarbeiter einen Halt an den eigenen Erfolgen. Angst und Unsicherheit lassen sich am ehesten überwinden, wenn man sich mit Dingen beschäftigt, die man gut kann und die einem Spaß machen. Gerade in Veränderungssituationen ist es also wichtig, seine Stärken zu kennen.«

Enders hielt entgegen: »Jeder kennt doch seine fachlichen Qualifikationen.«

Geist: »Richtig, aber darum geht es hier nicht. Ich rede von bestimmten Verhaltensweisen, Einstellungen oder Vorlieben, die jeder Mensch unabhängig von fachlichen Kenntnissen mitbringt. Nehmen wir beispielsweise einen gewissen Herrn Enders, bei dem ich als Stärke vor allem seine *Analysefähigkeit* wahrgenommen habe. Er überprüft gerne, er mag Daten, weil sie scheinbar objektiv sind. Er sucht darauf aufbauend nach Mustern und Verbindungen. Teilweise geht er sehr ins Detail. Selbst Emotionen verarbeitet er, wenn überhaupt, in analytischer Weise.«

Enders machte es sich inzwischen bequem. Es schien ihm, als wenn der Geist noch einiges zu erzählen hätte. Und wirklich, der Geist berichtete von weiteren Eindrücken aus den Projekten: »Es gibt Stärken, die sehen auf den ersten Blick gar nicht danach aus. In einem Teilprojekt vergleicht sich ein Mitarbeiter ständig mit seinen Kollegen. Er möchte besser, schneller und schlauer sein als die anderen. Er denkt immer nur an Wettbewerb. Seine Stärke ist sein *Konkurrenzdenken*. Ihm wurde dieses Verhalten früher als Fehler angekreidet. Er galt nicht als teamfähig. Es ist aber trotzdem eine Stärke. Er ist unheimlich motiviert, wenn er im Veränderungsprozess Aufgaben erfüllen kann, deren Ergebnisse eindeutig messbar sind.«

Und der Geist fuhr fort: »Eine Mitarbeiterin von Herrn Markmann liebt *Ordnung* über alles, sie hasst Überraschungen. Sie plant alles genau und fühlt sich wohl, wenn diese Planungen eingehalten werden. Jegliche Störungen sind ihr ein Gräuel. Wenn neue Themen zu bearbeiten sind, wird sie zunächst einen Ordner anlegen. Spontaneität empfindet sie als Krankheit. Auch hier könnte man meinen, diese Person sei für Veränderungen so gut geeignet wie eine Gabel zum Suppelöffeln. Aber weit gefehlt. Es ist nur wichtig, dass sie Aufgaben übernimmt, in denen sie ihre Stärke ausleben kann. Die Mitarbeiterin moderierte zum Beispiel eine Gruppensitzung, welche ohne ihr Mitwirken total chaotisch verlaufen wäre. Aber dadurch, dass sie eine sehr gute Agenda vorbereitet hatte und während der Sitzung hartnäckig auf deren Einhaltung achtete, konnte die Sitzung als Erfolg verbucht werden.«

Der Geist schnaufte kurz durch und erläuterte weiter: »Dann gibt es Personen, die haben einfach Freude an der fachlichen und persönlichen *Entwicklung* anderer Personen. Es geht ihnen nicht so sehr darum, selbst im Vordergrund zu stehen. Sie sehen sich eher als Hebamme für andere. Der Herr Schulte ist so ein Typ. In seiner Gruppe gibt es paar junge Leute, die sind gelinde gesagt etwas unkoordiniert. Immer wieder gibt er ihnen Hilfestellung, er ermuntert sie, weiterzuarbeiten, er weist auf ihre bisherigen Erfolge hin und er lobt sie vor anderen. Er ist wirklich stolz auf den Erfolg seiner Schützlinge. Gerade in Veränderungsprojekten machen viele Mitarbeiter durch die Übernahme neuer Aufgaben einen persönlichen Entwicklungsprozess durch. Jener wohlwollende Förderer im Hintergrund ist dabei von großer Bedeutung.

Eine Mitarbeiterin der Qualitätssicherung kann eindeutig ihre *Fokussierung* als Stärke verbuchen. Sie besitzt die Fähigkeit, zu priorisieren. Was ist wichtig, was ist weniger wichtig? Sie lässt sich nicht durch die Wogen des Tagesgeschäftes von ihrer klaren Zielsetzung ablenken. Sie setzt sich für jedes Jahr, für jeden Monat, für jede Woche und für jeden Tag individuelle Ziele. Mit Fug und Recht kann man sagen, sie weiß, was sie will. Diese Stärke sollte gerade in Change-Projekten ausgespielt werden. Die Veränderungssituation ist durch viele neue Ideen und die ständige Ungewissheit geprägt, da verzetteln sich manche Mitarbeiter. Eine klare Fokussierung verhindert ineffizientes Arbeiten.«

Der Geist versicherte sich der Aufmerksamkeit von Enders und zeigte weiter die Stärken auf: »Dann habe ich eine Mitarbeiterin beobachtet, deren Stärke ist ihr Drang nach *Harmonie*. Sie würde alles tun, um Konflikte zu vermeiden, in denen sie selbst oder ihre Umgebung verwickelt ist. Diese Frau hat eine hervorragende Antenne, um kleinste Konflikte wahrzunehmen. Sie entdeckt den Keim eines Konfliktes oftmals, bevor sich die Kontrahenten dessen selbst bewusst sind. Die nicht zu vermeidenden Reibereien in Veränderungssituationen lassen sich durch ihre Fähigkeiten früh erkennen, sodass man rechtzeitig entgegenwirken kann.

Einer der Auszubildenden ist fasziniert von neuen *Ideen*. Er sprudelt nur so von Vorschlägen. Er liest Fachzeitschriften und versucht, Neues im Betrieb umzusetzen. Allerdings mangelt es ihm bisweilen an der Nachhaltigkeit. Wenn eine Idee keinen Anklang findet, kämpft er nicht lange um diese, sondern hat schon wieder eine neue Idee im Kopf. Er liebt Kreativitätssitzungen, bei denen es ›verboten‹ ist, neue Gedanken zu kritisieren. Er hasst Routineaufgaben und ein Umfeld, das ihn nicht zu neuen Gedanken anregt.

Die Stärke von Frau Sikorsky ist eindeutig ihre *Kontaktfähigkeit.* Sie schließt Kontakte nicht nur für sich selbst, sondern für ihr gesamtes Team. Sie bringt einfach gerne Leute zusammen. Da kommt es ihr zugute, dass sie die Belegschaft nicht nur dem Namen nach kennt, sondern auch über die Interessen und Kenntnisse vieler Mitarbeiter Bescheid weiß. Richtig eingesetzt, sind Personen, die hier ihre Stärke haben, im Veränderungsprozess ein wahrhaftes Juwel.«

Und der Geist holte weiter aus: »Eine notwendige Stärke in jedem Veränderungsprojekt ist das *positive Denken.* Dabei geht es weniger um irgendwelche mystischen Sitzungen, die würde ich als Geist ja kennen, sondern vielmehr um die schlichte Unterscheidung, ob man das Glas als halb voll oder halb leer wahrnimmt. Eine Mitarbeiterin aus der Verwaltung kann diese Stärke für sich verbuchen. Sie steckt alle Kollegen in ihrer Umgebung mit ihrem Optimismus und ihrem Enthusiasmus an. Sie freut sich über jeden noch so kleinen Erfolg, und was noch entscheidender ist, sie bringt andere dazu, sich ebenfalls über ihre Erfolge zu freuen. Selbst in schwierigen Situationen verliert sie nicht ihren besonderen Sinn für Humor.

Eine weitere Stärke ist das Gefühl der *Verantwortung.* Herr Klingbeil aus der Qualitätssicherung verkörpert diese Stärke. Wenn er eine Aufgabe übernimmt, dann will er diese zu einem positiven Ergebnis führen. Herr Klingbeil nimmt den Begriff Verantwortung wörtlich: Er sucht immer eine Antwort auf neue Schwierigkeiten. Viele Veränderungsmaßnahmen werden zunächst enthusiastisch begonnen, bis die ersten Hindernisse auftreten. Gut, dass es dann Leute wie Herrn Klingbeil gibt, die sich nicht von dem allgemeinen Zweifel anstecken lassen und ihre Aufgaben verantwortungsvoll zu Ende bringen.

In diesem Zusammenhang fällt mir unsere Computerspezialistin, Frau Yvonne Giesicke ein. Sie hat einen gewissen Hang, Dinge zu reparieren, die andere auf den Müll schmeißen würden. Ihre Stärke ist die *Reparaturfähigkeit.* Schon als Kind hatte sie ihre Puppen erst dann richtig lieb, wenn an ihnen etwas kaputtgegangen war. Denn dann hatte sie die Möglichkeit, sie wieder zu reparieren. Ihr war der Prozess der Reparatur wichtiger als das Produkt. Als Computerfachfrau hatte sie in der Brauerei immer wieder Gelegenheit, ihre Stärke auszuspielen. Viele Menschen empfinden bei Veränderungen eine gewisse Überforderung. In einer solchen angespannten Stimmung bringt dann nicht selten ein kleines zusätzliches Problemchen das Fass zum Überlaufen und den so gestressten Mitarbeiter zur Verzweiflung. Wie wohltuend ist es da, zu wissen, dass es jemanden gibt, der sich diesen Problemen mit Ruhe widmet.«

Und der Geist ergänzte: »Selbstsicherheit ist eine Stärke, die in Veränderungssituationen ebenfalls sehr geschätzt wird. Wenn sich nämlich eine allgemeine Unsicherheit ausbreitet, sucht man Mitarbeiter, die selbstsicher ihre Meinung vertreten. Personen mit dieser Stärke vertrauen auf ihr eigenes Urteilsvermögen, sie lassen sich nicht von der Unsicherheit in ihrer Umgebung anstecken. Herr Klawuttke vom Fuhrpark ist so jemand. Als der Fuhrpark aufgelöst werden sollte, zeigte er seine wahre Stärke. Er war ein echter Ansprechpartner für seine Mitarbeiter, er machte keine falschen Versprechungen, aber er kämpfte für ihre Interessen. Bei ihm wusste man, woran man war.«

Nach diesen vielen Worten seitens des Flaschengeistes fühlte sich Enders genötigt, auch mal wieder etwas zu sagen: »Eine Stärke haben Eure Heiligkeit aber vergessen, das *strategische Denken*. Ohne eine klare Vorstellung, wohin der Dampfer fahren soll, nützen die vielen anderen Stärken nur wenig. Nur der Stratege ist in der Lage, das Licht zu entzünden, das anderen den Weg weist. Er kann sich Szenarien ausdenken, aus denen er erkennt, welche Wege voranführen und welche als Sackgasse enden.«

Der Geist bestätigte diese Stärke: »Du meinst wohl, das wäre eine Stärke von dir? Na ja, ich will dich nicht entmutigen. Ein gewisses Talent dazu bringst du schon mit, Jungchen.«

Enders traute seinen Ohren nicht. Hatte er sich gerade verhört, oder nahm er den Hauch eines Lobes von dem Geist wahr? Nach dem vermeintlichen Lob rappelte sich Enders auf und setzte sich kerzengerade hin.

Doch der Geist schränkte ein: »Nun werde mal nicht zu stolz, Jungchen. Alle Stärken sind wichtig. Der entscheidende Punkt ist doch, dass jeder zunächst seine eigenen Stärken kennt, damit er sich entsprechende Aufgaben suchen kann.«

Enders ergänzte, sichtlich stolz über das Lob durch den Geist: »Wichtig ist aber auch die Kenntnis der Stärken der anderen.«

Der Geist stimmte zu: »Es wäre eine unglaubliche Verschwendung von Ressourcen, wenn diese Stärken im Veränderungsprozess nicht berücksichtigt würden. Hier sehe ich insbesondere die Führungskräfte in der Pflicht. Sie sollten die Stärken ihrer Mitarbeiter genauestens kennen und mit ihnen diskutieren. Ich zeichne mal eine kleine Tabelle, aus der die von mir genannten Stärken hervorgehen. Sie kann man als Checkliste für Veränderungsprojekte verwenden.« Er nahm die schon bekannte konzentrierte Körperhaltung an und brachte den Bleistift in Bewegung, um die folgende Tabelle zu erstellen, die Enders gleich in seinen PC übertrug.

Stärke	Geeignete Aufgaben	Ungeeignete Aufgaben
Analysefähigkeit	■ Komplexe Planungen ■ Überprüfungen ■ Controlling	■ Ideenfindung ■ Vertriebsaufgaben ■ Aufgaben, die Empathie erfordern
Konkurrenzdenken	■ Tätigkeiten mit messbaren Ergebnissen ■ Vertrieb	■ Grundsatzaufgaben ■ Routinetätigkeiten
Ordnung	■ Planung von Teilaufgaben ■ Routinetätigkeiten ■ Moderation	■ Neue Ideen produzieren ■ Kreative Aufgaben
Entwicklung	■ Personalbetreuer ■ Projektleiter ■ Ausbilder, Trainer	■ Individuell zu lösende Aufgaben ■ Tätigkeiten ohne sozialen Kontakt
Fokussierung	■ operative Planung ■ Projektsteuerung ■ Controlling	■ Routinetätigkeiten ■ Strategieentwicklung
Harmonie	■ Teamaufgaben ■ Aktivitäten mit vielen sozialen Kontakten	■ Aufgaben, bei denen Konflikte zur täglichen Arbeit gehören ■ Verhandlungen ■ Vertriebstätigkeiten

Ideen	■ Kreativsitzungen ■ Problemlösungen ■ Forschung und Entwicklung	■ Routinetätigkeiten ■ Aufgaben, die auf Prinzipien und Ordnung basieren
Kontaktfähigkeit	■ Projektsteuerung ■ Komplexe Aufgaben ■ Teamaufgaben	■ Tätigkeiten ohne personalen Kontakt ■ Individuell zu lösende Aufgaben
Positives Denken	■ Teamaufgaben ■ Projektsteuerung ■ Krisenmanagement	■ Tätigkeiten ohne personalen Kontakt
Verantwortung	■ Projektdurchführung ■ Aufgaben, die wichtige Entscheidungen erfordern ■ Aufgaben mit hohem Schwierigkeitsgrad	■ Aufgaben, die eine individuelle Vernetzung erfordern ■ Aufgaben, die schnelle Entscheidungen erfordern
Reparatur	■ Serviceaufgaben ■ Detailaufgaben ■ Controlling	■ Strategieplanungen ■ Verhandlungsführungen ■ Vertrieb
Selbstsicherheit	■ Projektsteuerung ■ Präsentationen ■ Verhandlungen	■ Routineaufgaben ■ Tätigkeiten ohne personalen Kontakt
Strategisches Denken	■ Komplexe Planungen ■ Zieldefinitionen ■ Grundsatzaufgaben	■ Routinetätigkeiten ■ Detailaufgaben ■ Praktische Durchführungen

Enders versprach, gemeinsam mit den Führungskräften diese Liste durchzugehen und sicherzustellen, dass die Mitarbeiter weitestgehend ihren Stärken entsprechend eingesetzt werden.

Methode: Meine Erfolgsgeschichte

■ **Erster Schritt: Storytelling.** Setzen Sie sich mit einem Teil Ihrer Mitarbeiter zusammen und bitten Sie die Anwesenden, jeweils zwei Geschichten aus ihrem Leben zu erzählen. Es sollen Erfolgsgeschichten sein, das heißt, die Mitarbeiter sollen über Aktivitäten berichten, auf die sie wirklich stolz sind. Die Geschichten können sowohl aus dem beruflichen wie auch aus dem privaten Umfeld stammen.

■ **Zweiter Schritt: Mögliche Stärken vorgeben.** Legen Sie folgende Karten ungeordnet auf den Tisch. Diese Karten geben mögliche individuelle Stärken wieder.

■ **Dritter Schritt: Ableitung der individuellen Stärken.** Überlegen Sie gemeinsam im Team, welche individuellen Stärken zu den einzelnen Erfolgsgeschichten beigetragen haben. Versuchen Sie, die Anzahl der Stärken möglichst gering zu halten. Die letzte Entscheidung liegt natürlich bei dem Betreffenden selbst. Er sollte maximal zwei Stärken für sich reklamieren. Geben Sie allen Beteiligten die Möglichkeit, ihre Erfolgsgeschichten zu erzählen und daraus ihre individuellen Stärken abzuleiten.

■ **Vierter Schritt: Abgleich mit der Arbeitsaufgabe.** Diskutieren Sie mit den Anwesenden, ob sie in ihre aktuellen Aufgaben ihre Stärken erfolgreich einbringen können. Ändern Sie unter Umständen den Aufgabenbereich. Als Hilfestellung dient die Tabelle am Ende dieses Kapitels.

Kapitel 9: Das Tal der Tränen

Warum es erst schlechter werden muss, bevor es besser wird

Tatsächlich entwickelte sich in den Projekten nunmehr eine etwas bessere Stimmung. Viele Mitarbeiter waren sich ihrer Stärken bewusst und hatten zunehmend das Gefühl, zum Gelingen der Projekte etwas beizutragen.

In freudiger Erwartung erkundigte sich Enders daher bei Frau Sikorsky, wie es denn in ihrem Projekt so laufe. Seine Erwartung sollte trügen. Frau Sikorsky begann laut zu heulen und schluchzte: »Das wird nie etwas. Das neue Personalabrechnungsverfahren ist eine einzige Katastrophe. Nichts funktioniert, ständig bricht das System zusammen. Ich weiß nicht, wer sich das ausgedacht hat. Ich bin kurz davor, einen Nervenzusammenbruch zu bekommen. Ich bin so verzweifelt.«

Enders schluckte. Er überlegte noch kurz, was er wohl jetzt wieder falsch gemacht hatte. Es konnte doch nicht sein, dass bestimmte Personen immer anfingen zu heulen, nur weil er Kontakt mit ihnen aufnahm. Er sagte zu Frau Sikorsky, es tue ihm leid, sie nach ihrem Befinden gefragt zu haben, worauf er nur einen weiteren Weinkrampf erntete.

Die Kurve der Veränderung

Verunsichert trottete er die Treppe zum Turmzimmer hinauf. Bevor ihn der Geist in irgendeiner Art und Weise zurechtweisen konnte, sagte Enders von sich aus: »Ich weiß, ich bin ein Schwein. Es ist aber auch wirklich nicht ganz einfach. Mal sind die Mitarbeiter euphorisch, dann wieder zu Tode betrübt.«

Entgegen seinen Erwartungen zeigte sich der Flaschengeist äußerst gelöst und keineswegs vorwurfsvoll: »Ja, Jungchen, die Gesetze der Natur lassen sich nicht einfach außer Kraft setzen. Wenn man von einem Gipfel zum nächsten will, muss man ein Tal durchwandern. Da kommt niemand drum herum.«

Enders konnte mit diesen Bemerkungen wenig anfangen, deswegen sagte er ironisch: »Ich bin sicher, dass diese Worte vor Weisheit strotzen, aber leider habe ich keine geistig-meditative Grundausbildung über Jahrhunderte in einer Bierflasche genossen. Vielleicht könnten Sie mir armem Sünder ...«

Der Geist hatte schon längst wieder seine angestrengte Körperhaltung angenommen. Auf einem Papier wurde folgende Kurve gezeichnet, die Enders sogleich bestaunte.

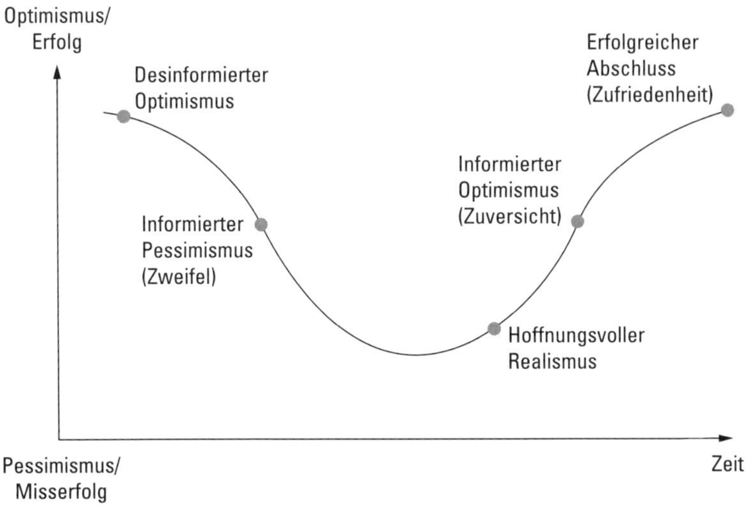

Der Geist erläuterte: »Am einfachsten lässt sich diese Kurve anhand eines Beispiels erklären. Lass uns diese Kurve einmal am Beispiel einer Führerscheinprüfung durchlaufen: Ein Achtzehnjähriger träumt von einem Führerschein und sieht sich des Nachts schon vor einer Diskothek in einem Cabrio herumkurven. In seiner Vorstellung bewundern ihn Freunde und Freundinnen. Er befindet sich im

Zustand des *desinformierten Optimismus.* Er sieht in dem Moment nur das Positive in der fernen Zukunft. Nachdem der Bursche nun eine Weile diese Bilder in seinem Kopf genießt, reißt ihn plötzlich die Realität aus seinen Träumen. Um einen Führerschein zu machen, muss er nämlich genügend Geld zusammenbekommen, eine Schulung machen, Testbögen auswendig lernen, ständig mit der Angst leben, die Prüfung nicht zu bestehen, und dann noch die eigentliche Fahrprüfung machen. Er zweifelt zunehmend an dem Erfolg seines Vorhabens. Er befasst sich nun intensiver mit den Details des anstehenden Prozesses. Er befindet sich jetzt im Zustand des *informierten Pessimismus.*«

Der Geist führte weiter aus: »Schließlich verzweifelt er immer mehr. Er versucht, die verschiedenen Fragebögen auswendig zu lernen, macht einen Selbsttest und hat viel zu viele Fehler. Auch in der Praxis lässt der Erfolg auf sich warten. Er vergisst ständig einen Handgriff, schaltet in den falschen Gang, und das Anfahren am Berg steigert seinen Blutdruck auf hundertachtzig. Er befindet sich jetzt im tiefen Tal der Verzweiflung. Eine typische Aussage in dieser Phase ist etwa: Das schaffe ich nie. Er befindet sich auf unserer Kurve jetzt ganz unten im Tal. Man könnte sagen im Tal der Tränen.«

Enders erinnerte sich. Hatte Frau Sikorsky nicht auch eine ähnliche Aussage gemacht? Sie befand sich also offenbar im Tal der Tränen. Kein Wunder also, dass sie einen Weinkrampf erlitt, sinnierte Enders.

Der Geist fuhr in seinen Ausführungen fort: »Irgendwann schließlich geht dem jungen Mann einiges leichter von der Hand, er blickt beim Schalten nicht mehr ständig auf den Schaltknüppel, und das Seufzen und Jammern des Fahrlehrers werden deutlich weniger. Kurz: Er sieht der Sache etwas hoffnungsvoller entgegen. Schon plant er den Prüfungstermin, ohne jedoch irgendjemanden davon zu informieren. So ganz hoffungsvoll ist er dann doch noch nicht. Er befindet sich jetzt im Zustand des *hoffnungsvollen Realismus.*«

Der Geist pausierte kurz und erläuterte dann: »Er ist jetzt fern jeder Träumerei und schätzt realistisch seine Erfolgsaussichten ein. Er gewinnt immer mehr Zuversicht, und er glaubt, die vor ihm liegenden theoretischen und praktischen Aufgaben bewältigen zu können. Er weiß, dass er noch einigen Lernstoff zu bewältigen hat, aber tief im Inneren ist er davon überzeugt, die Führerscheinprüfung zu bestehen. Er befindet sich jetzt in der Phase des *informierten Optimismus*. Schließlich macht er seine Prüfung und erreicht einen Zustand der Zufriedenheit.«

Enders hörte aufmerksam zu, schließlich sagte der Geist: »Ja, Jungchen, so läuft das bei allen Veränderungen ab. Es wird erst schlechter, bevor es besser wird. Wir müssen durch dieses Tal der Tränen wandern, ob wir wollen oder nicht.«

Enders murmelte nachdenklich: »Wenn man sowieso erst durch die Hölle laufen muss, bevor man sein Ziel erreicht, dann lohnt doch eigentlich gar keine Anstrengung, oder?«

Der Gesichtsausdruck des Geistes verdüsterte sich schlagartig: »Von religiösen Begriffen wie *Hölle* hast du wirklich keine Ahnung, also behalte sie besser für dich. Außerdem bedeuten meine Ausführungen nicht, dass man hier alles sich selbst überlassen kann, im Gegenteil, gerade in Kenntnis dieser Kurve lassen sich Maßnahmen sinnvoll steuern.«

Enders dachte an seine Studentenzeit, als er Tennis spielen lernte. Auch hier war die Situation ähnlich gewesen. Er hatte seinerzeit fröhlich vor sich hin gespielt, bis ihm der Trainer erläutert hatte, dass seine Handhaltung bestenfalls als schlechtes Beispiel dienen könne. Enders hatte seine Handhaltung geändert und prompt das nächste Spiel verloren. Im Laufe der Zeit war er mit der besseren Handhaltung jedoch immer erfolgreicher geworden. Er hatte schließlich auf einem Niveau gespielt, das er mit seiner ursprünglichen Handhaltung nie hätte erreichen können. Auch in diesem Beispiel war seine Leistung erst schlechter geworden, bevor sie besser geworden war.

Enders fielen noch weitere Beispiele zum Verlauf der Kurve ein. Da gab es doch seinerzeit diesen Hochspringer, der plötzlich rückwärts über die Latte sprang. Richard Douglas Fossbury war sein Name. Er war erfolgreich mit einem ganz neuen Sprungstil. Seine Konkurrenten standen nun vor der Wahl, entweder ihren Sprungstil anzupassen und dabei zunächst Leistungseinbußen hinzunehmen oder bei ihrer alten Sprungtechnik zu bleiben. Nur diejenigen, die sich auf den Weg durch das Tal der Tränen gemacht hatten, waren später erfolgreich.

Der Geist erkannte, wie Enders diese Kurve an immer neuen Beispielen überprüfte. Schließlich murmelte er: »So, Jungchen, nun müssen wir diese Kurve für unseren Veränderungsprozess sinnvoll nutzen. Vor allem solltest du diese Kurve in der Belegschaft bekannt machen.«

Enders fragte: »Warum?«

Und der Geist erklärte ihm geduldig: »Durch diese Kurve wird jedem Mitarbeiter deutlich gemacht, dass im Veränderungsprozess zunächst Schwierigkeiten bevorstehen, um später erfolgreich zu sein. Mitarbeiter ertragen aufgrund dieser Vorwarnung viel leichter Rückschläge, die sowieso eintreten. Sie nehmen dann nicht gleich das erste Problem zum Anlass, alles hinzuschmeißen.«

Der Geist holte aus: »Es gab mal einen Kanzler in diesem wiedervereinigten Land, der versprach den Bürgern blühende Landschaften. Er sagte, allen werde es besser gehen und niemandem schlechter. Er vergaß aber, darauf hinzuweisen, dass man zunächst mit neuen, bisher unbekannten Schwierigkeiten zu kämpfen haben würde. Als dann viele Bürger merkten, dass es ihnen nach ein paar Jahren überhaupt nicht besser ging, waren sie enttäuscht und sehnten sich alte Zustände wieder her. Auch ihnen wäre der Veränderungsprozess leichter gefallen, wenn sie über den Verlauf der Veränderungskurve informiert worden wären.«

»Tja«, sagte Enders, »man müsste wissen, wo der Tiefpunkt liegt.«

Der Geist schüttelte – oder besser wabbelte – nur mit seinem Kopf und antwortete: »Das weiß man immer erst am Ende. Man wird nie genau den Punkt im Voraus bestimmen können. Denn: Seine Lage ist nicht für alle Beteiligten gleich. Der eine empfindet den Tiefpunkt früher, der andere später. Wieder andere erleben mehrere Tiefpunkte. Man verwendet deswegen die Metapher des Tales. Es ist ein längerer Weg, der zu durchschreiten ist.«

Enders wollte nun wissen, was man außer der Bekanntgabe dieser Kurve noch mit der Zeichnung machen könne. Daraufhin rollte sich der Geist zusammen und der Bleistift ergänzte die Zeichnung.

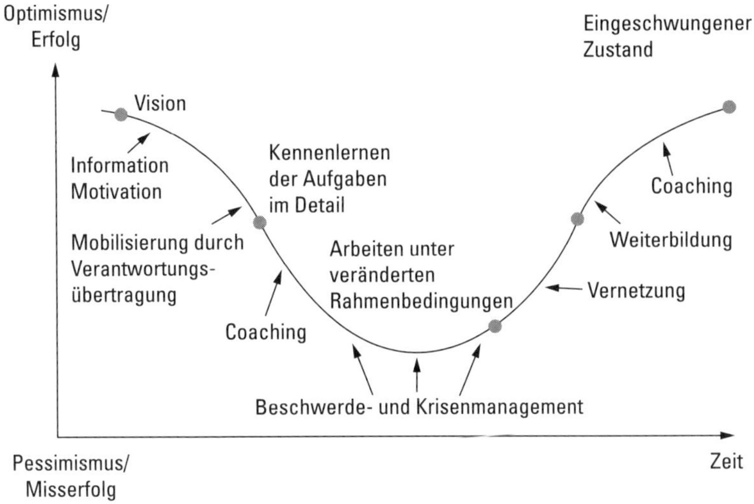

Der Geist erläuterte: »Den Beginn der Veränderungskurve haben wir bereits erfolgreich unterstützt. Wir haben die Mitarbeiter informiert, wir haben versucht, Betroffenheit zu erzeugen, wir haben gemeinsam eine Vision angefertigt, wir haben Verantwortungen übertragen und den Mitarbeitern die Möglichkeit verschafft, ihren Widerstand zu artikulieren. Wir haben Ziele und Wirkungszusammenhänge festgelegt und wir haben uns bemüht, ihnen die Ängste vor der neuen Situation zu nehmen. – Je tiefer man sich im Tal bewegt, desto wichtiger ist ein konkretes Krisenmanagement. Schöne Worte und die Beschreibung blumiger Aussichten können sich Führungskräfte an dieser Stelle wirklich sparen. Hier wird eine konkrete Hilfestellung erwartet – nichts anderes. Der Blick der Betroffenen ist am Tiefpunkt der Kurve sehr verengt. Meistens entsteht die aktuelle Verzweiflung aus einem kleinen zusätzlichen Problem, welches das Fass zum Überlaufen bringt.«

Enders erkannte: »Dass Frau Sikorsky vorhin zu weinen anfing, als ich sie nach ihrem Befinden fragte, lag dann wohl daran, dass sie sich im wahrsten Sinne des Wortes im Tal der Tränen befand.«

Geist: »Stimmt. Auch wenn du dich noch so freundlich verhalten hättest, es wäre in dieser Situation nutzlos gewesen. Irgendetwas funktionierte nicht so, wie sie es sich vorstellte. Sie verallgemeinerte dann dieses Detailproblem und übertrug es auf das gesamte Projekt. Man könnte ihre Einstellung mit den wunderschönen Worten umschreiben: Alles Mist!«

Enders überlegte: »Vielleicht hätte ich so etwas wie väterliche Zuversicht ausstrahlen sollen?«

Doch der Geist schmunzelte, als er sich das vorstellte: »Lass man lieber, Jungchen. Die Gefühlslage des Betroffenen ist in dem Moment so verengt, dass nette Worte gar nicht wahrgenommen werden. Schlimmer noch: Ihre Wut würde sich gegen die Person des Tröstenden richten.«

Enders: »Das habe ich gemerkt.«

Geist: »Am effektivsten wirkt in solchen Situationen eine konkrete Hilfe. Eine Hilfe, die das aktuelle Detailproblem löst. Dadurch löst sich die Verkrampfung.«

Der Geist fuhr fort: »Ich hatte zu meiner Zeit einen Maschinenmeister angestellt. Als wir einen neuen Kessel anschließen wollten, gab es ständig Probleme, irgendwo waren immer Leitungen undicht und der Druck im Kessel konnte nicht entsprechend aufgebaut werden. Der Maschinenmeister schuftete bereits mehrere Tage an dem Problem. Ich traf ihn gerade zu dem Zeitpunkt an, als er sich schweißgebadet vergeblich an einer verrosteten Schraube abmühte. Mein Versuch, ihn zu beruhigen, endete damit, dass er einen Schraubenschlüssel nach mir warf. Er beruhigte sich erst wieder, als ich einen anderen Techniker bestellte, mit dem er gemeinsam den Kessel neu anschloss. – Manchmal reicht es in solchen Situationen aber auch schon aus, den Betreffenden zu einer Pause zu bewegen. Der so erzeugte Abstand zur Arbeit reinigt die Gehirnwindungen. Die Arbeit kann dann mit neuen Ideen wieder begonnen werden.«

Enders entdeckte mit einem Blick auf die Zeichnung noch den Begriff Coaching, der ihn an seine vorletzte Unterredung mit dem Flaschengeist erinnerte.

Der Geist sagte dazu: »Das Coaching würde ich natürlich nicht gerade im Tal der Tränen anwenden. Es besteht die Gefahr, dass der Gesprächspartner in so einer Situation nicht die Kraft und die Ruhe aufbringt, über sich selbst nachzudenken. Coaching ist eher etwas für die Zeit davor oder danach. Wenn sich erste Erfolge einstellen, können über individuelle Fragestellungen, zum Beispiel zur persönlichen Entwicklung, gute Gespräche geführt werden. Dann fruchten spezifische Weiterbildungsmaßnahmen viel besser, da jetzt der Betroffene einen besseren Überblick über sein Aufgabengebiet hat. Schließlich sollte man zu diesem Zeitpunkt zudem die persönliche Vernetzung fördern. Der fachliche Austausch mit Kollegen oder anderen Fachexperten macht in dieser Phase besonders viel Sinn.«

Enders fragte: »Dieses Tal der Tränen scheint wirklich der Knackpunkt zu sein. Was kann man denn in dieser Phase noch tun, um den Mitarbeiter zu unterstützen?«

Der Geist krümmte sich daraufhin und ließ eine weitere Kurve von dem Bleistift zeichnen.

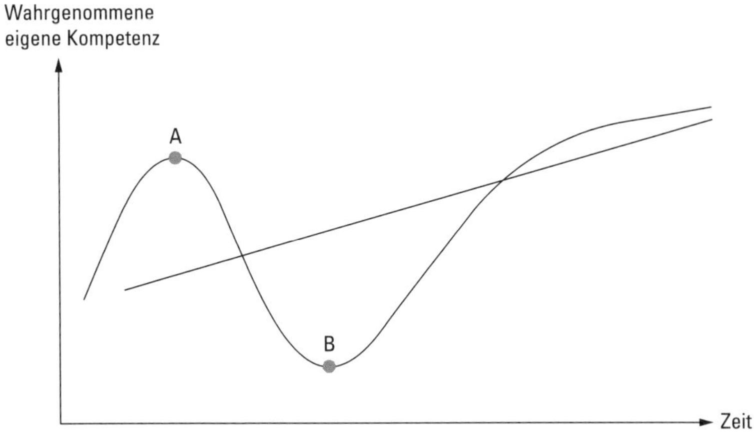

Erschöpft, wie immer nach diesen Zeichnungen, begann der Geist zu erläutern: »In Veränderungsprozessen überschätzen und unterschätzen sich die Menschen gleichermaßen. Nehmen wir einmal an, ein Mitarbeiter macht sich mit einer neuen Software vertraut. Je mehr er sich mit ihr beschäftigt, desto größer wird vermutlich seine Kompetenz im Umgang mit der Software sein. Die Gerade in der Zeichnung soll den Prozess des Kompetenzerwerbs abbilden. – Erstaunlicherweise bewerten Menschen ihre eigene Kompetenz völlig unabhängig von der tatsächlich erworbenen Kompetenz. In Punkt A zum Beispiel überschätzen sie sich. Sie sehen sich selbst als kompetenter an, als sie eigentlich sind.«

Enders verstand nicht ganz, warum ihn der Geist in diesem Moment so intensiv anblickte. Er unterbrach ihn jedoch nicht in seinen Erläuterungen.

Der Geist erklärte: »Nehmen wir an, unser Mitarbeiter hat Schwierigkeiten, die Software zu verstehen. In Punkt A wird er vielleicht denken, wenn er mit seiner ganzen Erfahrung diese Software nicht versteht, dann kann es nur an der Software liegen. Der Mitarbeiter überschätzt sich. Es kann gut sein, dass er an dieser Stelle alles hinschmeißt.«

Und er erläuterte weiter: »Punkt B ist genauso gefährlich. Hier unterschätzt sich der Mitarbeiter. Er bemerkt, dass er mit der neuen Software nicht zurande kommt, und zweifelt zunehmend an seinen eigenen Fähigkeiten. An dieser Stelle kann es ebenfalls vorkommen, dass er alles hinschmeißt.«

Enders stimmte trübselig mit ein: »Es handelt sich um völlig unterschiedliche Rahmenbedingungen, aber in jedem Fall schmeißt der Mitarbeiter alles hin – schöne Aussichten.«

Der Geist ließ sich nicht beirren: »So weit muss es ja nicht wirklich kommen. Zum Glück gibt es Führungskräfte und Kollegen, die dem entgegenwirken können. In Punkt A, in dem sich der Mitarbeiter überschätzt, sollte man ihm verdeutlichen, dass die Veränderung ein schwerwiegender Prozess ist, der seine ganze Anstrengung erfordert. In Punkt B, in dem er sich unterschätzt, ist es genau umgekehrt. Hier geht es darum, sein Selbstwertgefühl zu stärken. Man könnte ihn daran erinnern, dass er in der Vergangenheit das eine oder andere ähnliche Problem bereits erfolgreich bewältigt hat.«

Enders malte sich aus, er würde in einem Mitarbeitergespräch Punkt A und Punkt B verwechseln. Sein Gesprächspartner würde dann erst recht alles hinschmeißen. Voller Sorge fragte er daher den Geist, woran er denn bloß erkennen könne, ob es sich um Punkt A oder Punkt B handle.

Der Geist hatte es sich bereits wieder oberhalb der Lampe bequem gemacht und antwortete: »Dem Mitarbeiter zuhören, Jungchen. Zuhören. Zuhören.«

Methode: Gemeinsam Maßnahmen für den Veränderungsverlauf planen

Erster Schritt: Kommunizieren der Veränderungskurve. Bereiten Sie Ihr Team darauf vor, dass es ganz normal ist, im Zeitablauf der Veränderung üblicherweise zwischen Optimismus und Pessimismus zu wechseln. Zeigen Sie Ihren Teammitgliedern die Kurve »Tal der Tränen« und erläutern Sie deren Verlauf möglichst anhand alltäglicher Beispiele. Allein durch diese Vorgehensweise erreichen Sie, dass Ihre Teammitglieder **vorgewarnt** sind und sich nicht gleich bei der erstbesten Schwierigkeit aus der Spur werfen lassen.

Zweiter Schritt: Verhaltensweisen festlegen. Erarbeiten Sie gemeinsam mit Ihrem Team eine speziell auf Ihren Veränderungsprozess zugeschnittenen Verhaltenskodex. Welches Verhalten ist in den unterschiedlichen Stadien zu vermeiden? Welches Verhalten sollte man stattdessen zeigen? Dadurch, dass Sie Ihr gesamtes Team in die Überlegungen miteinbeziehen, erreichen Sie eine höhere Sensibilisierung. Die Mitarbeiter übernehmen eine stärkere Verantwortung für den Prozess der Veränderung. Ein eventuelles Fehlverhalten in den verschiedenen Stadien der Veränderung kann so von den anderen Mitarbeitern schnell erkannt und sanktioniert werden.

Dritter Schritt: Maßnahmenplanung. Fassen Sie in einer Tabelle die wesentlichen Erkenntnisse der Maßnahmenplanung zusammen und machen Sie diese Tabelle an einem öffentlichen Ort allen Beteiligten zugänglich. Sie steigern so die Transparenz des Veränderungsvorhabens.

Stadium der Veränderung	Effizientes Verhalten	Ineffizientes Verhalten
Desinformierter Optimismus	Vision Persönlichen Nutzen aufzeigen Notwendigkeit der Veränderung verdeutlichen	Ziel oder Veränderung infrage stellen Notwendigkeit der Veränderung anzweifeln
Informierter Pessimismus	Informationen bereitstellen Lösungswege für Detailprobleme aufzeigen Experten für die Überwindung von Schwierigkeiten benennen Beispiele für erfolgreiche Veränderungen aufzeigen	Sorgen der Mitarbeiter als Detailprobleme abtun Abstriche von der Zielsetzung in Aussicht stellen Mitarbeiter mit ihren Sorgen alleine lassen
Tal der Tränen	Task-Force einrichten Experten hinzuziehen Kurzfristige Lösungen erarbeiten Sachorientierte Kommunikation Krisenmanagement	Allgemeines Coaching Visionen überstrapazieren Kompetenzen der Mitarbeiter anzweifeln Gegenseitige Beschuldigung
Hoffnungsvoller Realismus	Visionen ansprechen Bereits erzielte Erfolge diskutieren Erreichte Meilensteine feiern Den Blick für das Ganze schärfen	Detailprobleme in den Vordergrund stellen Bereits erzielte kurzfristige Lösungen anzweifeln Schuldvorwürfe
Informierter Optimismus	Individuelles Coaching Maßnahmen zur individuellen Weiterbildung Teilerfolge feiern Übertragung von Verantwortung an Mitarbeiter	Erfolge kleinreden oder äußeren Umständen zuschreiben Unterschätzen der ausstehenden Aktivitäten Das Ende der Veränderung zu früh verkünden

Kapitel 10: Die Wolke der Kommunikation

Wie man im Veränderungsprozess effizient kommuniziert

Enders befand sich in einer jener Routinebesprechungen, die seit kurzem *Jour fixe* genannt wurden. Führungskräfte und Projektleiter trafen sich regelmäßig alle zwei Wochen zu einem festen Termin, um sich über den Fortschritt in den einzelnen Projekten auszutauschen. Die aktuelle Besprechung begann ohne große Euphorie und genauso endete sie.

Herr Schulte, der Braumeister, machte zum Abschluss den Vorschlag, doch mal wieder eine Informationsveranstaltung mit allen Mitarbeitern abzuhalten.

»Das ist doch nur Zeitverschwendung«, argumentierte Herr Markmann von der kaufmännischen Abteilung. Er rechnete gleich vor, welche Kosten eine solche Veranstaltung hervorrufen würde, tippte in seinen Taschenrechner und murmelte: »Allein die Arbeitszeit, multipliziert mit einem kalkulatorischen Stundensatz, das macht bei zwei Stunden Veranstaltungsdauer fast 3.000 Euro. Vor- und Nachbereitung sind dabei noch gar nicht eingerechnet. Ich glaube, die Kosten können wir uns wirklich sparen.«

Die anderen Teilnehmer nickten zustimmend. Lediglich Frau Sikorsky stimmte Herrn Schulte zaghaft zu, indem sie betonte, dass eine Veranstaltung für die Stimmung ganz gut wäre. Man einigte sich schließlich darauf, dieses Thema zu verschieben. Enders wollte sich diesbezüglich mit seinem imaginären Mentor austauschen.

Kommunikation ist mehr als Information

Der Geist murmelte: »Bei den Projektleitern wird wohl immer noch die Bedeutung einer intensiven Kommunikation unterschätzt.

Weißt du, was passiert, wenn in einem Veränderungsprozess nicht ausreichend kommuniziert wird?«

Enders ahnte, dass er gleich die Antwort bekäme. Und so war es auch. Der Geist blickte in die Augen von Enders, holte tief Luft, bis sein Gesicht rot anlief, und pustete dann mit aller Kraft die Luft in den Raum. Er erzeugte einen unglaublichen Windstoß, den Enders direkt in sein Gesicht bekam. Dazu sprach der Geist die Worte: »Wenn im Veränderungsprozess nicht kommuniziert wird, dann tritt *Gas* aus.«

Enders benötigte eine gewisse Zeit, um sein Äußeres wieder zu arrangieren. Der Geist erläuterte ihm seine Demonstration: »Ja, Jungchen, Gas. G – A – S. Die Mitarbeiter nehmen an, dass die

G größte
A anzunehmende
S Sauerei

geplant wird.«

Enders war viel zu erschrocken, als dass er darauf hätte antworten können. Er überließ dem Geist weiter das Wort: »In Veränderungsprozessen erleben die Mitarbeiter sich selbst in großer Unsicherheit. Wenn dann über längere Zeit nicht mit ihnen kommuniziert wird, vermuten sie, dass ein großes Unheil eintreten wird.«

Enders konnte sich das nicht erklären: »Warum sind sie denn so pessimistisch?«

Der Geist erklärte es ihm: »In ihrer Sorge um ihre Zukunft machen sich die Mitarbeiter Gedanken, was schlimmstenfalls alles passieren könnte, und sie reden dann darüber mit ihren Kollegen. So kommt es zu einem sich selbst verstärkenden Prozess, bei dem bald nicht mehr zwischen Mutmaßungen und Fakten unterschieden wird. Die fehlende Kommunikation durch die Leitung wird von den Mitarbeitern selbst übernommen, möglicherweise mit verheerenden Wirkungen.«

Vorsichtig erwiderte Enders: »Mein sehr verehrter Herr Flaschengeist, bevor Sie hier mit einem Orkan das ganze Turmzimmer in Schutt und Asche legen, lassen Sie mich kurz erläutern – es gibt nichts Neues zu kommunizieren, nichts Neues!« Längst krümmte sich der Flaschengeist wieder, um eine Zeichnung anzufertigen.

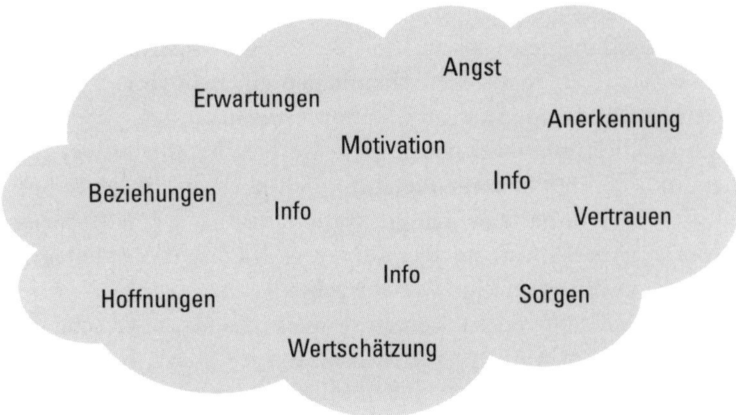

Der Geist drehte sich erschöpft zu Enders um und erläuterte: »Bei der menschlichen Kommunikation laufen viele Prozesse gleichzeitig ab. Es überlagern sich Wünsche, Sorgen und Ängste, jeder Mitarbeiter möchte anerkannt und wertgeschätzt werden, jeder sucht Hilfe und eine Bestätigung für die eigenen Hoffnungen. Diese und weitere Elemente schwingen bei jeder Kommunikation mit und bilden eine Wolke, innerhalb derer die Informationspakete oft nur einen geringen Teil ausmachen.«

Enders blickte ungläubig auf den Geist, der weiter ausführte: »Es kommt nicht nur darauf an, dass man eine Information weitergibt, sondern wie man etwas sagt, wie oft man etwas sagt, wer etwas sagt, wann man etwas sagt und so weiter. Kommunikation deckt ein viel breiteres Spektrum ab als reine Informationsübertragung.«

Enders blickte auf die Zeichnung und beharrte auf der hohen Bedeutung der Information. Dazu führte er Beispiele aus der Flugsicherung, den Ingenieurwissenschaften und den Geheimdiensten an. Der Geist ließ sich davon nicht beirren: »Ich habe ja nicht gesagt, dass Information gänzlich unwichtig sei, sie ist aber gerade in Veränderungsprozessen nur ein Teil der Kommunikation. Erinnerst du dich noch an unsere Sitzung zum Thema Vision? Wir hatten uns damals darauf geeinigt, dass man als Führungskraft die Vision immer und immer wieder kommunizieren muss. Die Mitarbeiter erwarten das einfach. Wenn man längere Zeit nichts über die Vision verlauten lässt, glauben sie möglicherweise, das Ziel habe keinen Bestand mehr. Es ist daher wichtig, Dinge zu wiederholen, auch wenn keine neue Information weitergegeben wird.«

Der Geist fuhr fort: »Menschen haben ein Bedürfnis nach Anerkennung. Fehlende Kommunikation verwehrt ihnen diese Anerkennung. Sie fühlen sich dann nicht wertgeschätzt, sind verunsichert und demotiviert. Erinnerst du dich noch an die letzte Fußballweltmeisterschaft? Da hat der Nationaltrainer wie wild auf die Spieler eingeredet, um sie zu motivieren. Meinst du, er hat jedes Mal eine neue Information weitergegeben?«

Enders versuchte erneut, seinem Anliegen Gehör zu verschaffen: »Es gibt aber im Moment nichts Neues zu erzählen. Irgendetwas muss ich doch sagen, wenn ich den Mitarbeitern gegenüberstehe.«

Der Geist antwortete: »Du sagst einfach, wie es ist. Du fasst die aktuelle Situation zusammen und erwähnst, dass zu bestimmten Punkten erst später Entscheidungen gefällt werden. Du bekräftigst, dass du die Mitarbeiter umgehend informieren wirst, sobald neue Informationen vorliegen. Gib möglichst deine Einschätzung an, zu welchem Zeitpunkt du weitere Informationen erwartest. So baust du Vertrauen auf, die Mitarbeiter fühlen sich wertgeschätzt und die Gerüchteküche verstummt.«

Enders warf ein: »Hauptsache, ich werde von den Mitarbeitern nicht gelyncht.«

Der Geist antwortete: Das wäre noch das geringste Problem. Mich wundert überhaupt, wie beiläufig ihr euch für solche Informationsveranstaltungen entscheidet. Wenn Herr Schulte keinen entsprechenden Vorschlag gemacht hätte, wäre dieser Punkt gar nicht diskutiert worden. Größere Kommunikationsveranstaltungen solltest du frühzeitig planen. Überlege dir schon im Vorfeld, wem du welche Information über welche Medien zukommen lassen willst. Und vergiss nicht, festzulegen, wer für die Durchführung der Kommunikation verantwortlich ist. Du weißt, Verantwortung ist nicht teilbar!«

Aufgrund des eindringlichen Wunsches des Flaschengeistes entschloss sich Enders also, eine Mitarbeiterversammlung durchzuführen. Sie lief aus seiner Sicht genau so ab, wie er es befürchtet hatte. Es kamen nahezu alle verfügbaren Mitarbeiter und hörten sich an, was Enders und einige Projektmitarbeiter präsentierten.

Am Ende der Veranstaltung gab es eine kurze, wenig inhaltsreiche Diskussion. Als die Mitarbeiter den Saal verließen, schnappte Enders einzelne Wortfetzen auf. So hörte er: »... nichts Neues ...«, oder: »... jetzt sind wir auch nicht schlauer als vorher.« Er war zwar nicht erfreut darüber, fühlte sich jedoch im Recht und stampfte mit dieser Erkenntnis die Treppe zum Turmzimmer hoch.

Kommunikation – je einfacher, desto wirkungsvoller

Ohne den Geist in seinem Blickfeld zu haben, trötete er los: »Das habe ich doch gleich gesagt. Jetzt sind die Mitarbeiter unzufrieden. Ich habe genau gehört, wie sie sich nach der Veranstaltung unterhalten haben. Ich kann froh sein, dass ich nicht wirklich gelyncht wurde. Was sagt nun Ihre Eminenz dazu?«

Der Geist robbte an der Decke entlang und sprach: »Dass der eine oder andere Mitarbeiter sich abfällig über den Inhalt der Versammlung geäußert hat, heißt noch lange nicht, dass die Veranstaltung umsonst gewesen ist. Viele Gefühle lassen sich nun einmal nicht so einfach in Worte fassen. Glaube mir, Jungchen, es war richtig, diese Veranstaltung durchzuführen. Sie war ein weiteres Mosaiksteinchen hin zu einem transparenten und vertrauensvollen Weg der Veränderung.«

Enders: »Na, Ihr Wort in Gottes Ohr.«

Geist: »Ich glaube, du begibst dich schon wieder in eine Begriffswelt, von der du nichts verstehst. Du solltest lieber deine Kommunikationsfähigkeiten verfeinern. Ich habe mir einen Satz gemerkt, den du gesagt hast:

›*Unser Ziel ist es, die Zeiten der Prozessabläufe, die für eine aktuelle Produktionscharge benötigt werden, so zu reduzieren, dass jeder von uns erkennt: Sie sind kürzer als die entsprechenden Prozesszeiten unserer Konkurrenz. In gleicher Weise wollen wir die Entwicklungszeiten neuer Produkte in unserem Markt so weit komprimieren, wie die Analyseergebnisse der jeweiligen Prozessabläufe dies zulassen.*‹

Jungchen, was ist das denn für eine Sprache? Diese verschachtelten Business-Sätze hinterlassen doch keine Wirkung. Sie sind einfach zu kompliziert. Stell dich doch bitte auf deine Zuhörerschaft ein. Du machst er dir regelrecht zu einfach, wenn du Informationen aus der Konzernzentrale ungefiltert weiterleitest. Es ist deine Kernaufgabe als Führungskraft, hier Übersetzungsarbeit zu leisten. Der Erfolg guter Kommunikation liegt in ihrer *Einfachheit*.«

Enders fühlte sich plötzlich auf der Anklagebank.

Der Geist schob nach: »Warum sagst du nicht zum Beispiel: ›*Wir wollen kostengünstiger produzieren, um gegenüber der Konkurrenz bestehen zu können.*‹ Weniger ist manchmal mehr, Jungchen. Noch ein Beispiel. Du hast gesagt:

›*Wir müssen unseren ökonomischen Erfolg durch eine geringere Bürokratisierung und eine schnellere Entscheidungsfindung zur Entfaltung kommen lassen. Dies wird uns helfen, neue Kunden in unserem hart umkämpften und von starker Konkurrenz geprägten Markt zu gewinnen.*‹

Solche Sätze kann man doch niemandem zumuten. Versuch es doch mit *Beispielen*, *Metaphern* oder *Analogien*. Etwa so: ›*Wir wollen uns von einem Elefanten zu einem Leoparden entwickeln.*‹ Das ist einfacher und prägnanter, und jeder weiß, was damit gemeint ist. Außerdem wette ich, dass man sich an eine solche Aussage noch am nächsten Tag erinnert, während deine gestelzten Umschreibungen schon vergessen sind, bevor man sie gehört hat.«

Enders hoffte nun, der Geist käme langsam zum Ende, aber weit gefehlt, dieser legte nach: »Wir müssen aufpassen, dass der gesamte Veränderungsprozess in sich konsistent wahrgenommen wird. Die Mitarbeiter entdecken schnell scheinbare Ungereimtheiten. Wenn diese nicht aktiv angesprochen werden, bilden sie ein regelrechtes Krebsgeschwür, das im Laufe der Zeit immer stärker wuchert.«

Enders sah nur noch Fragezeichen: »Hä?«

Der Geist gab ihm Nachhilfe: »Ich gebe dir ein Beispiel. Du sagtest in der Veranstaltung mehrfach, dass wir sparen müssen. Das stimmt und das wissen alle. Die Mitarbeiter fragen sich dann aber, warum wir immer noch diese hochwertigen Dienstwagen haben und warum wir uns den teuren Neubau als Bürofläche leisten?«

Enders antwortete: »Warum? Warum? Warum? Das wissen Sie doch selbst. Aufgrund der bestehenden Leasingverträge käme es uns teurer, die Fahrzeuge jetzt abzuschaffen, statt sie noch ein halbes Jahr zu behalten. Den Büroraum brauchen wir hoffentlich noch in der Zukunft, wenn wir die Produktion ausweiten.«

Der Geist erwiderte: »Genau das hättest du der Belegschaft sagen müssen. Diese *scheinbaren Inkonsequenzen* bilden Stolpersteine für den gesamten Kommunikationsprozess. Glaube mir, diese Inkonsequenzen sind jedem Mitarbeiter bewusst, auch wenn sie in der Diskussionsrunde nicht erwähnt wurden.«

Enders wollte das Gespräch mit dem Geist elegant beenden und warf ein: »Schade, dass für diese Gespräche so wenig Zeit bleibt, aber ich …«

Der Geist ging auf den Versuch von Enders erst gar nicht ein: »Ich möchte dir grundsätzlich noch einen Tipp für deine Kommunikation mit den Mitarbeitern geben: Probier es doch mal mit einem echten Dialog. Warte, das strengt mich jetzt doch ein wenig an, aber ich zeichne dir ein Bild.«

Enders blickte demonstrativ auf seine Armbanduhr, aber es half alles nichts, der Bleistift legte wieder los:

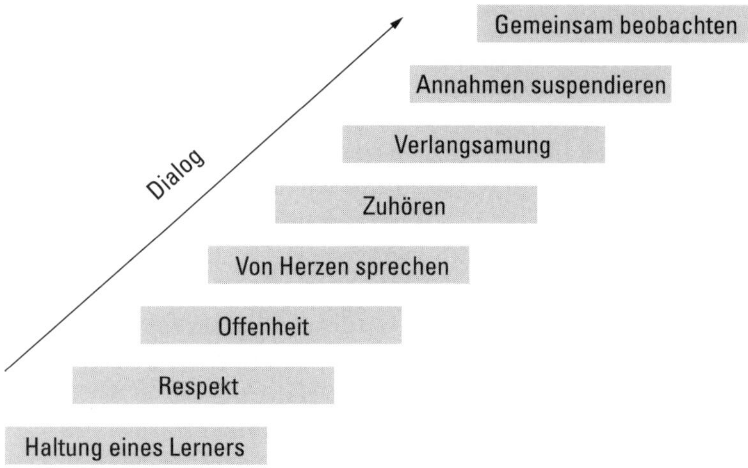

»Sieh mal, Jungchen, bei einem Dialog erreichst du wirklich deine Gesprächspartner, aber nur, wenn du die dargestellten Aspekte wirklich berücksichtigst. Dann führst du eine echte Zwei-Wege-Kommunikation. Was du sagst, erreicht wirklich den anderen. Du redest nicht an ihm vorbei.«

Und der Geist fuhr fort: »Wenn du die *Haltung eines Lerners* einnimmst, zeigst du Offenheit und Neugierde. Du interessierst dich für die Gedanken deines Gesprächspartners. Dieser wird sich dann eher mit seinen Fragen und Wünschen zur Veränderung an dich wenden. *Respekt* kannst du zeigen, indem du die Denkweise deines Gesprächspartners anerkennst. Du musst ja nicht mit allem einverstanden sein, aber du solltest wenigstens seine Sichtweise akzeptieren. Deine *Offenheit* und Ehrlichkeit rufen die gleichen Verhaltensweisen bei deinem Gesprächspartner hervor. – Wenn du *von Herzen sprichst*, redest du von Dingen, die dir wirklich wichtig sind. Dein Gesprächspartner registriert unbewusst, ob du tatsächlich hinter der Veränderung stehst oder ob du nur rhetorisch brillieren willst. Auf das *Zuhören* habe ich dich schon mehrfach aufmerksam gemacht. Ich meine ein freies, unvoreingenommenes Zuhören, das ist ungeheuer wichtig. Du solltest deinen Partner zum Gespräch ermutigen, statt dich insgeheim über sein Schweigen zu freuen.« Der

Geist führte weiter aus: »Durch die *Verlangsamung* des Gesprächs und der Gedanken gibst du deinem Kommunikationspartner überhaupt erst die Möglichkeit, einzuhaken und nachzufragen. Jeder Mensch hat bestimmte Vorurteile. Für die Zeit des Dialoges solltest du versuchen, diese *Annahmen* zu *suspendieren*. Den Höhepunkt des Dialoges hast du schließlich erreicht, wenn du eine Haltung einnimmst, bei der du mit deinem Partner den besprochenen Sachverhalt *gemeinsam beobachtend* wahrnimmst.«

Enders fragte nach: »Warum in aller Welt ist Ihnen dieses Thema denn so wichtig?«

Der Geist polterte los: »Weil durch mangelhafte Kommunikation schon so mancher Veränderungsprozess scheiterte! Eine neue Studie auf unserer letzten Flaschengeistkonferenz bestätigte diesen Sachverhalt.«

Enders machte gerade wieder Anstalten, den Raum zu verlassen, da er kaum noch aufnahmefähig war, doch der Geist hielt ihn auf: »Einen Aspekt habe ich noch, dann kannst du gehen. Es handelt sich um das sogenannte kommunikative Handeln.«

Der Geist erläuterte: »Unter kommunikativem Handeln verstehe ich Handlungen, die auch einen kommunikativen Bestandteil haben.«

Enders musste lachen: »Das ist ja wirklich eine ausgezeichnete Definition.«

Geist: »Ich gebe dir ein Beispiel: Stell dir vor, du bittest alle Führungskräfte am nächsten Samstag zu einem Meeting. In der Einladung erwähnst du, dass die Teilnahme für den Erfolg des Veränderungsprozesses von äußerster Wichtigkeit ist. Zu Beginn der Sitzung gibst du dann bekannt, dass du aufgrund privater Verpflichtungen leider dem Treffen nicht weiter beiwohnen wirst. Was glaubst du wohl, was du mit dieser Handlung kommunizierst? Richtig – das ganze Thema ist dir doch nicht so wichtig. Da kannst du noch so schöne Worte wählen, durch deine Handlung wird alles kaputt gemacht.«

Enders hielt entgegen: »Bevor Sie sich gleich wieder aufregen, das ist ein hypothetisches Beispiel, das Sie sich ausgedacht haben. Ich habe niemanden eingeladen und ich habe mich auch nicht aus dem Staub gemacht.«

Der Geist stellte jedoch fest: »Stimmt, ich habe aber in unserem Veränderungsprozess einige Führungskräfte beobachtet, die mit ihrer Handlung genau das Gegenteil von dem kommunizierten, was sie vorher mit Worten ausgedrückt haben. Herr Markmann sprach zum Beispiel in seiner Gruppe immer wieder davon, wie wichtig ihm eigenverantwortliche Mitarbeiter seien, gleichzeitig kontrollierte er ihre Reisekosten in einer Art und Weise, als ob er es mit Kindern zu tun hätte. Was glaubst du, welche Kommunikation bei den Mitarbeitern wirklich ankommt? – Und jetzt zu dir. Hast du nicht in den letzten drei Wochen immer nur Zahlen gewälzt und Kosten analysiert? Glaubst du nicht, die Mitarbeiter beobachten genau, womit du deine Zeit verbringst? Auf der einen Seite redest du von einem verstärkten Marketing und neuen Vertriebswegen, auf der anderen Seite erweckst du durch deine Handlungen den Eindruck, du wolltest den Laden nur gesundschrumpfen.«

Enders fühlte sich sichtlich unwohl: »Ich habe das Gefühl, Sie wollen mir irgendetwas anhängen.«

Doch der Geist erwiderte: »Ich will dir nur helfen. In Veränderungssituationen steht man als Führungskraft unter besonderer Beobachtung der Mitarbeiter. Wo wir dabei sind: Wenn du die Qualität unseres Bieres in deinen Reden immer betonst, wäre es vorteilhaft, wenn man dich auch einmal dabei beobachten könnte, wie du das Bier trinkst.«

Enders war bedient. Er verließ den Raum, nicht ohne zum Abschied dem Geist zu erwidern: »Wenn Ihnen Kommunikation und insbesondere der Dialog so wichtig sind, dann sollte Ihnen nicht entgangen sein, dass ich bereits ziemlich müde und für derartige Anregungen nicht mehr recht aufnahmefähig bin. Ansonsten war das Gespräch mit Ihnen wie immer ein ganz besonderes Vergnügen.«

Mit diesen Worten verließ er das Turmzimmer. Als er sich schon auf der Treppe befand, hörte er die Worte: »Hast ja recht, Jungchen.«

Methode: Planung der Kommunikationsmaßnahmen

■ **Erster Schritt: Planungsrahmen festlegen.** Überlegen Sie parallel zur Projektplanung eine entsprechende Kommunikationsplanung. Definieren Sie Zeitpunkte, an denen Sie die unterschiedlichen Zielgruppen informieren wollen. Legen Sie, den Inhalt und die Form der Kommunikation fest. Versuchen Sie zwischen den Informationsveranstaltungen nicht allzu große Lücken entstehen zu lassen. Bestimmen Sie verantwortliche Personen für die Durchführung der Kommunikation.

	Zielgruppe 1	Zielgruppe 2	Zielgruppe 3	Zielgruppe 4
Inhalte				
Medien				
Zeitpunkt				
Zuständigkeit				

■ **Zweiter Schritt: Darstellungsform überlegen.** Überprüfen Sie Ihre Informationsvorhaben anhand folgender Kriterien:

- einfache Darstellung,
- Verwendung von Beispielen, Metaphern, Analogien sowie
- Ansprechen scheinbarer inhaltlicher Inkonsequenzen.

- **Dritter Schritt: Konsistenz sicherstellen.** Decken sich Ihre Worte mit Ihren Handlungen? Zeichnen Sie dazu die Themenfelder auf, mit denen Sie sich über einen bestimmten Zeitraum (zum Beispiel eine Woche) befasst haben. Die Größe der Kreise spiegelt Ihre zeitliche Inanspruchnahme wider.

Zeitliche Inanspruchnahme

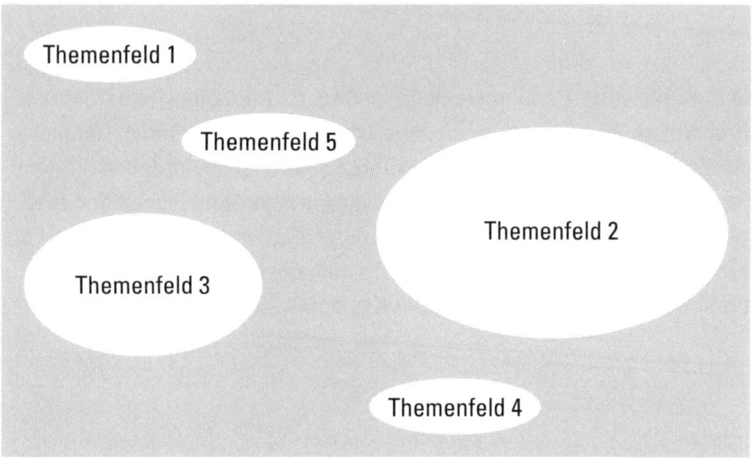

- **Vierter Schritt: Inkonsistenzen thematisieren.** Wenn Sie feststellen, dass zwischen Ihren Handlungen und Ihren Aussagen Divergenzen bestehen, sprechen Sie diesen Tatbestand explizit an. Das erhöht Ihre Glaubwürdigkeit.

Kapitel 11: Wie die Lemminge

Wie man die Autoritätsstruktur im sozialen System nutzen kann

Es gab eine Krisensitzung im Projekt von Herrn Schulte, dem Braumeister. Sein Teilprojekt hatte das Ziel, das besondere Herstellverfahren für das Dunkelbier schriftlich zu erfassen. Die »Geheimnisse« des Kleinberghofener Bieres waren bis dahin tatsächlich nirgendwo vollständig dokumentiert. Das Wissen befand sich nur in den Köpfen einzelner Personen.

Offenkundig lief es in dem Projekt von Herrn Schulte schon seit einiger Zeit nicht ganz rund. Bei einer Überprüfung der Meilensteine war jedoch aufgefallen, dass irgendjemand wissentlich falsche Angaben gemacht hatte. So stimmten die angegebene Gärungszeit und die notwendige Temperatur nicht mit den wirklichen Werten überein. Offensichtlich gab es subversive Elemente im Team, die einen Projekterfolg verhindern wollten.

Schulte versuchte zunächst, das Problem intern zu lösen, was ihm aber nicht gelang. Immer lauter wurden die Stimmen, die gegen das Projekt hetzten.

Vor allem der alte Krotzi tat sich hier mit negativen Äußerungen hervor. Krotzi, das war der Spitzname von Georg Krotzmeier, einem älteren Mitarbeiter, der schon Jahrzehnte in der Bierproduktion tätig war. Krotzi genoss aufgrund seiner langen Dienstzeit einen besonderen Status. Ihm wurden Freiheiten zugebilligt, die anderen verwehrt wurden. So kam er regelmäßig zu spät zur Arbeit. Außerdem ging das Gerücht um, dass er ohne ein Mindestmaß an Alkohol im Blut gar nicht richtig arbeiten konnte.

Nichtsdestotrotz war er bei einigen Kollegen sehr beliebt. Insbesondere die Herren Huber und Kreutzer pflegten ein sehr enges Verhältnis mit dem alten Krotzi. Auf der Krisensitzung, an der auch

Enders teilnahm, machten die drei nun ihrem Herzen Luft. Als Erster polterte Krotzi los: »Wir werden hier keine Betriebsgeheimnisse verraten. Wir lassen uns von einem Großkonzern nicht überrollen. Die wollen uns doch nur ausnutzen, unser Wissen aussaugen, um dann ihr eigenes Bier herzustellen. Was mit uns passiert, das geht denen doch am Arsch vorbei.«

Huber und Kreutzer klatschten demonstrativ Beifall. Die Stimmung war aufgeheizt. Neben Schulte waren noch fünf weitere Projektmitarbeiter anwesend, die sich eher ruhig verhielten. Schulte versuchte zu beschwichtigen, indem er darauf hinwies, dass die Fortführung der gesamten Brauerei von dem Erfolg dieses Projektes abhinge. Außerdem gäbe es vertragliche Vereinbarungen, den Standort in Kleinberghofen nicht zu schließen. Seine Worte erzielten jedoch nicht die beabsichtigte Wirkung.

Im Gegenteil: Krotzi wurde zunehmend persönlich und griff ihn an: »Du steckst doch mit denen unter einer Decke. Was hat man dir versprochen, wenn du unser Geheimnis preisgibst?«

Schulte wies diese Vorwürfe entrüstet von sich. Er konnte es kaum fassen, was ihm da unterstellt wurde. Aber je mehr er sich wehrte und argumentierte, desto größer wurde der Graben zwischen ihm und den drei Rebellen. Er hörte noch, wie Huber ihm zurief: »Wer sich rechtfertigt, klagt sich an.«

Die anderen fünf Teilnehmer verhielten sich zwar neutral, fanden aber zunehmend Spaß an der sich aufheizenden Situation. Krotzi versuchte zudem, sie auf seine Seite zu ziehen. Er packte sie bei ihrer Ehre und sprach davon, wie sich Kumpel gegenseitig zu unterstützen hätten. Bei dem einen oder anderen zeigte diese Taktik schon erste Erfolge. Schließlich wurde den anderen Teilnehmern die Pistole auf die Brust gesetzt. Krotzi sagte: »Ihr müsst euch entscheiden. Auf welcher Seite seid ihr? Auf unserer oder auf der Seite dieser Brutalkapitalisten?«

Schulte spürte, wie ihm der ganze Ablauf aus den Händen glitt. Mittlerweile trommelten Krotzi und seine beiden Helfer mit den Fäusten auf den Tisch und schrien: »Verräter!« Fast flehentlich bat Schulte Enders, ihm doch zur Seite zu stehen.

Enders zeigte zunächst Verständnis für die aktuellen Probleme und appellierte an die konstruktive Mitarbeit aller Kollegen. Eigentlich wollte er sich als Vermittler geben, sah sich aber sogleich wüsten Beschimpfungen ausgesetzt.

Krotzi rief ihm entgegen: »Mit Spionen sprechen wir nicht. Wir werden kämpfen, notfalls bis zum Untergang.« Dazu trommelten sie erneut mit ihren Fäusten auf den Tisch. Enders sah ein, dass er mit Argumenten hier nicht weiterkam. Er brauchte eine Auszeit, um mit dem Geist zu sprechen, also vertagte er diese Sitzung.

Komplexitätstreduktion durch Nachahmung

Völlig aufgelöst hastete Enders die Treppe hinauf und schrie in das Turmzimmer: »Es ist so weit, die Revolution hat begonnen. Was machen wir jetzt?«

Der Geist war nicht überrascht, denn auch dieses Mal hatte er aufgrund seiner übernatürlichen Fähigkeiten längst alles mitbekommen. Er murmelte: »Tja, der Karren ist schon ganz schön weit im Dreck. Es kommt eben nicht nur darauf an, was man sagt, sondern auch, wer etwas sagt. In diesem Fall waren sowohl du als auch Schulte als Gegner abgestempelt. Ihr hattet gar keinen Zugang mehr zu den anderen Kollegen.«

Der Geist fuhr fort, indem er ein Beispiel anführte: »Weißt du, Jungchen, wie man Jugendliche davon überzeugen kann, nicht mehr zu rauchen? Ich sage dir, wie es nicht funktioniert: indem ein Lehrer oder eine sonstige Aufsichtsperson auf sie einredet. Dieser Personenkreis hätte genauso wenig einen Zugang zu den Jugendlichen wie du im Moment zu den Mitarbeitern des Teilprojektes. Es fehlt einfach die Akzeptanz. Anders sähe es aus, wenn ein Jugendlicher aus der Clique oder besser noch ein anerkannter Rockstar auf sie einwirken würde.«

Enders sinnierte: »Verstehe, es hat also gar keinen Sinn, wenn ich etwas sage. Das müsste einer aus deren Dunstkreis tun.«

Der Geist bestätigte: »Genau so ist es. Es sollte jemand sein, der für sie eine Autorität verkörpert. Das sind oftmals Mitglieder der gleichen Gruppe, die ihnen einfach näher sind. Die müssen auch gar nicht viel sagen. Ihr Verhalten wird von den anderen stillschweigend kopiert.«

Enders widersprach: »Glauben Sie denn wirklich, dass die Menschen so einfach Dinge nachmachen, die andere vormachen?«

Der Geist schwabbelte ein wenig zur Seite. Dann sagte er zu Enders: »So unter uns im Vertrauen, als Geist kriegt man schon eine Menge über das menschliche Verhalten mit. Da frage ich mich manchmal, ob ich mich zu Lebzeiten auch so eindimensional bewegt habe. Nimm nur einmal diesen Gasthof, der unserer Brauerei angeschlossen ist. Selbst bei schönem Wetter kam es bisweilen vor, dass sich kein Gast auf den Bänken niederließ. Die leeren Bänke wirkten dann regelrecht abschreckend. Aber sobald sich ein oder zwei Gäste einfanden, schien der Bann gebrochen. Der Gasthof füllte sich wie von Geisterhand. Offensichtlich brauchten die Gäste ein Vorbild.«

Enders nickte und der Geist beschrieb ein weiteres Beispiel: »Zu meiner Zeit gab es einen Pfarrer, der hat die sonntägliche Kollekte allein dadurch erhöht, dass er einen ganzen Taler in den Klingelbeutel legte, bevor er ihn in der Kirche herumreichte. Daraufhin warfen die Besucher ebenfalls ganze Taler hinein. Je mehr Münzen im Klingelbeutel waren, desto größer wurde der Druck, es den anderen Besuchern gleichzutun.«

Enders tat sogleich ein eigenes Beispiel kund: »Auf meinen Geschäftsreisen erlebe ich an Flughäfen immer wieder die Situation, dass die Sitzplätze am Abflugschalter alle besetzt sind. Ich wende dann folgenden Trick an: Demonstrativ greife ich mir meinen Mantel und meine Tasche und eile zum Schalter. Dieser ist zwar noch gar nicht offen, aber ich spüre schon während meines Vorstoßes, dass mir der ein oder andere Fluggast folgt. Nach kurzer Zeit bildet sich hinter mir eine Menschenschlange. Die anderen Fluggäste folgen mir ohne Grund, denn der Schalter ist ja immer noch geschlossen. Ich drehe mich dann zur Seite und suche mir einen inzwischen frei gewordenen Platz aus.«

Selbst der Geist musste daraufhin schmunzeln: »Ich will die Menschen hier nicht verurteilen, sie haben einfach nicht die Zeit, immer alles zu hinterfragen und zu reflektieren. Das Nachmachen ist eine Form der Komplexitätsreduktion. Menschen sind eben keine Flaschengeister.«

Enders fragte nach: »Was bedeutet das jetzt für unser Problem in dem Projekt von Herrn Schulte?«

Geist: »Tja, du hast im Moment keine Autorität. Wir können hier nur zu einer Lösung kommen, wenn wir jemanden finden, der als Gleichgesinnter akzeptiert wird und das Wort erhebt, sodass die Querköpfe ihm dann folgen.«

Plötzlich sprang Enders auf: »Ich glaube, ich habe verstanden. Hier muss man subtil vorgehen. Lassen Sie mich nur machen. Habe die Ehre, Eure Geistigkeit.«

Der Geist schrie Enders noch nach, er möge keinen Blödsinn machen, der aber war längst schon über alle Berge.

Enders konnte von seinem Zimmer den Hof überblicken. Als er Herrn Huber aus der Werkhalle kommen sah, betrat er wie zufällig ebenfalls den Hof. Er sprach ihn an: »Ach, Herr Huber, was für ein Zufall, dass ich Sie hier treffe. Mein Gott, wie klein die Welt doch ist.«

Huber stammelte: »Ich wollte gerade meine Pause machen.«

Enders äußerte sich wohlwollend: »Sehr gut. Die haben Sie sich aber auch verdient. Ich schätze Männer mit eigenem Charakter. Männer, die in der Gefahr vorne am Bug des Schiffes stehen, auch wenn ihnen der Wind und das Meer ins Gesicht blasen.«

Huber war völlig überrascht: »Ich wollte nur in den Pausenraum …«

Doch Enders erwiderte energisch: »Herr Huber, der Pausenraum, das ist doch nichts für einen Mann wie Sie. Kommen Sie, wir gehen in mein Büro.«

Im Büro angekommen, bot er dem leicht verwirrten Huber einen Brandy und eine Zigarre an, wobei er weiter auf Huber einredete: »Wir sind aus dem gleichen Holz, das habe ich sofort gespürt. Wir wissen, wo es langgeht. Nehmen Sie sich ruhig noch ein paar Zigarren.«

Enders steckte Huber drei Zigarren in die Brusttasche seines Hemdes. Dann sagte er: »Nun mal ehrlich, Huber, das ist doch nichts für Sie, immer diese Produktionsmaschinen. Ich habe Größeres mit Ihnen vor, viel Größeres. Eine Art ›Vice-President-Marketing‹, eigenes Büro, eigene Sekretärin, eigener Dienstwagen, Sie verstehen?«

Huber verstand nichts. Er saß ihm mit offenem Mund gegenüber. Enders redete weiter: »Ja, da wird Ihre Frau aber mächtig stolz auf

Sie sein. Mann, wer hätte das gedacht, der Huber. Um das zu ermöglichen, müssten Sie allerdings Ihre Meinung in dem Projekt geringfügig ändern. Na ja, reine Formsache, Sie sind ja jetzt auf der anderen Seite.«

Plötzlich schlug die Tür zu der Holztreppe auf, und ein unglaublicher Windstoß durchzog den Raum. Da blieb kein Blatt Papier mehr auf seinem Platz, selbst einige Büromöbel wurden umgeworfen. Enders ahnte, woher der Aufschrei kam. Er eilte die Treppe hinauf, während Huber das Weite suchte.

Nachahmung von Personen mit Einfluss

Der Geist polterte: »Bist du des Wahnsinns? Mit welchen Tricks arbeitest du denn? So etwas soll hier nie wieder vorkommen!«

Der Geist schimpfte noch einige Minuten. Schließlich sagte er. »Einmal abgesehen von den moralischen Unzulänglichkeiten machst du dich durch solche Verhaltensweisen für deine ganze Zukunft erpressbar. Denke daran: Man führt nicht mit Leichen im Keller, sondern mit Leichen im Keller wird man geführt.«
Enders stammelte so etwas wie »Entschuldigung« und versprach, auf diese Manipulationstechniken in Zukunft zu verzichten. Erst

allmählich flaute die Erregung ab und beide überlegten, wie das Projekt noch zu retten wäre. Der Flaschengeist brachte schließlich den Namen Klawuttke ins Spiel.

Enders schränkte ein: »Klawuttke, das ist doch dieser alte Fuhrparkleiter, der ist doch gar nicht mehr bei uns. Den Fuhrpark haben wir doch abgeschafft.«

Der Geist insistierte: »Ja genau. Klawuttke hat sich hier wie ein Ehrenmann verabschiedet. Wenn er sich nicht persönlich so eingebracht hätte, wäre dieser Teil des Veränderungsprozesses auf erhebliche Schwierigkeiten gestoßen. Vor allem wird er immer noch von seinen Kollegen respektiert. Sein Wort hat bei ihnen Gewicht. Er ist der ideale Kandidat, der uns jetzt helfen kann. Es ist jetzt deine Aufgabe, Klawuttke wieder ins Boot zu holen.«

Enders: »Gut, ich werde ihn gleich für morgen früh in mein Büro bestellen.«

Geist: »Erinnerst du dich noch an unsere letzte Sitzung? Wir hatten doch gesagt, dass jede Handlung auch als Kommunikation wirkt. Ich glaube, es hätte eine große symbolische Bedeutung, wenn du zu ihm nach Hause fahren würdest. Du könntest so deine Anerkennung bezeugen.«

Enders versprach, sich entsprechend zu verhalten. Noch am gleichen Abend fuhr er in die Wohnung von Klawuttke. Nachdem er einige Minuten herumgedruckst hatte, erläuterte er die aktuelle Situation und bat ihn schließlich um Hilfe.

Klawuttke: »Jaja, der Krotzi, der ist manchmal ganz schön aufbrausend, das habe ich häufig erlebt. Aber keine Sorge, das kriegen wir schon wieder hin. Ich werde mit ihm und den anderen Kollegen reden. Auf mich hören sie noch.«

Enders fühlte sich leicht beschämt. Sein Gesprächspartner sagte wirklich »wir« – »Wir kriegen das schon wieder hin« – und das sagte er nach all dem, was er durchgemacht haben musste. Es wurde noch ein ausgesprochen netter Abend. Seine Frau machte allen ein Abendbrot und zum ersten Mal trank Enders wie selbstverständlich jenes berühmte Kleinberghofener Dunkelbier.

Tatsächlich kam Herr Klawuttke am nächsten Tag in die Brauerei und überzeugte die Mitarbeiter in dem Projekt von Herrn Schulte, die Projektarbeit wieder aufzunehmen. Krotzi konnte er nicht überzeugen, aber selbst Huber und Kreutzer verhielten sich jetzt wenigstens wieder neutral. Als Klawuttke mittags den Hof der Brauerei verließ, blickte er von unten in das Turmzimmer und Enders hatte das Gefühl, er zwinkere ihm zu.

Nutzung der Kräfte im sozialen System

Der Geist sagte erleichtert: »So, Jungchen, da haben wir gerade noch die Kuh vom Eis bekommen. Aber lass dir das ein Lehre sein. Schreibe niemanden ab, man weiß nie, ob man seine Hilfe nicht doch noch einmal benötigt. Es gibt nicht viele Menschen, die so wenig nachtragend sind wie unser Herr Klawuttke.«

Schließlich ergänzte der Geist: »Hier habe ich noch einen Tipp für dich: Wenn du einem größeren Team gegenüberstehst, dann bedenke, dass die Teammitglieder sich gegenseitig beeinflussen. Versuche, diese Kontakte für dein Anliegen zu nutzen. Verzettele dich nicht, indem du jedes Teammitglied einzeln zu überzeugen versuchst. Das würde einfach deine zeitlichen Kapazitäten überschreiten, einmal ganz abgesehen von der geringen Akzeptanz, die du allein aufgrund deiner Art schon hast.«

Enders grollte: »Grmmpf.«

Der Geist insistierte: »Ernsthaft, Jungchen, vergeude deine Kräfte nicht, sondern versuche, die Strukturen in deinem Team für dein Anliegen zu nutzen. Wenn du dein Team als soziales System betrachtest, fällt dir diese Vorgehensweise leichter. Ein System besteht aus Elementen, die in einer Beziehung zueinander stehen. Nichts anderes ist ein Team, wobei die Elemente die Teammitglieder sind. Zwischen den Elementen bestehen nun *Kraftfelder*, die du für dich nutzen kannst.«

Enders murrte kratzbürstig: »Kommt jetzt eine Physikvorlesung?«

Doch der Geist beschwichtigte ihn: »Keine Sorge. Ich habe aber schon vor mehr als dreihundert Jahren eine Methode entwickelt, die man heute noch genauso gut anwenden kann. Ich nenne sie:

Autoritätsstruktur im sozialen System.« Wieder krümmte sich der Geist und ein Bleistift setzte sich in Bewegung:

Autoritätsstruktur im sozialen System

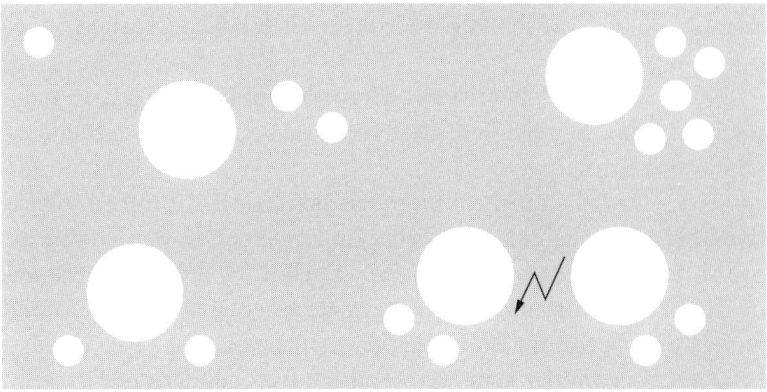

Der Geist erklärte: »Sieh mal, Jungchen. Das ist ein soziales System. Die Kreise repräsentieren einzelne Personen in einem Team. Die Größe der Kreise gibt ihren Einfluss in der Gruppe wieder. Die Stellung der Kreise zueinander zeigt die Einflussstruktur in der Gruppe auf. Oben rechts zum Beispiel gibt es eine Person mit relativ großer Autorität, um die sich oftmals fünf andere Personen scharen. Unten links siehst du eine Person, ebenfalls mit großem Einfluss, der typischerweise zwei Kollegen nachlaufen. Das entspricht unserer Situation von Krotzi und seinen beiden Anhängern Huber und Kreutzer. Der Kreis oben links repräsentiert eine Person, die eher als Außenseiter gilt und auch keinen besonderen Einfluss auf die anderen Gruppenmitglieder ausübt.«

Enders erkannte: »Das ist ja genial. Da weiß man gleich, wo man den Hebel ansetzen sollte. Es macht ja wenig Sinn, stundenlang auf einen Außenseiter einzureden. Selbst wenn man ihn überzeugen würde, wäre die Wirkung auf das Team doch gering. Da wäre es schon effizienter, sich die großen Brocken vorzunehmen. Wenn man so einen überzeugen kann, dann hätte man schon das halbe Team hinter sich. Ist denn diese Einflussstruktur in Ihrem Modell über längere Zeit konstant?«

Der Geist schränkte ein: »Das kann man nicht sagen. Natürlich gibt es Situationen, wo sich alles wieder neu mischt. Wenn man jedoch längere Zeit in einem Team arbeitet, hat man nach und nach ein Gefühl für die darin herrschende Autoritätsstruktur. Es ist schon erstaunlich, wie oft sich diese Struktur auch bei ganz neuen Situationen wiederholt.«

Enders zeigte sich begeistert: »Hervorragend, aber wo lernt man, solche Systeme zu zeichnen? Lernt man dies auf irgendwelchen Flaschengeistseminaren?«

Geist: »Natürlich nicht. Es handelt sich hier nicht um ein objektives oder gar geheimes Verfahren. Im Gegenteil, es werden nur die subjektiven Einschätzungen zu Papier gebracht, die unbewusst ohnehin im Kopf vorhanden sind. Man zeichnet einfach drauflos und ändert die Zeichnung so lange, bis man das Gefühl hat, es passt ganz gut. Es gibt hier kein richtig oder falsch, sondern nur passend oder unpassend.«

Enders fragte weiter: »Was soll denn der Blitz da in Ihrer Zeichnung?«

Der Geist erklärte ihm: »Der Blitz symbolisiert den Sonderfall, dass sich zwei Personen überhaupt nicht leiden können und ihren persönlichen Konflikt häufig auf der Sachebene austragen. Was immer Person A sagt, Person B wird dagegen stimmen und umgekehrt. Solche Verhaltensweisen soll es unter Menschen ja geben.«

Enders konnte das nachvollziehen: »Verstehe. Da muss man natürlich vorsichtig sein, wenn man versucht, den Überzeugungshebel anzusetzen. Kaum hat man einen Anhänger gewonnen, schon hat man sich automatisch einen Widersacher eingehandelt.«

Gerne hätte Enders noch weiterdiskutiert. Mittlerweile vernahm er jedoch eindeutig Schnarchlaute von der Decke. Offensichtlich müssen Flaschengeister auch ab und zu »an der Decke horchen«.

Methode: Ermittlung der Autoritätsstruktur im Team

■ **Erster Schritt: Darstellung des sozialen Systems.** Verwenden Sie ein Blatt Papier und einen Bleistift oder eine leere PowerPoint-Folie, auf der Sie zeichnen. Letztere hat den Vorteil, dass man die Größe der Kreise und deren Anordnung auf einfache Weise verändern kann. Tragen Sie alle Teammitglieder symbolisiert als Kreis in die Zeichnung ein.

■ **Zweiter Schritt: Autorität sichtbar machen.** Verändern Sie die Größe der Kreise, je nachdem, wie hoch Sie die Autorität der einzelnen Teammitglieder einschätzen. Unter Autorität soll hier die Fähigkeit verstanden werden, Gefolgschaft bei anderen Teammitgliedern zu bekommen.

■ **Dritter Schritt: Gefolgschaftsstruktur darstellen.** Verändern Sie die Anordnung der Kreise in der Weise, dass die typischerweise vorhandene Gefolgschaft deutlich wird. Es bilden sich dann sogenannte Gefolgschaftsnester.

■ **Vierter Schritt: Persönliche Konflikte aufzeigen.** Zeichnen Sie gegebenenfalls Konfliktbeziehungen ein. Sie können als negative Autoritätsbeziehung interpretiert werden. Das heißt, eine Gefolgschaft wird – unabhängig vom eigentlichen Thema – mit hoher Wahrscheinlichkeit abgelehnt.

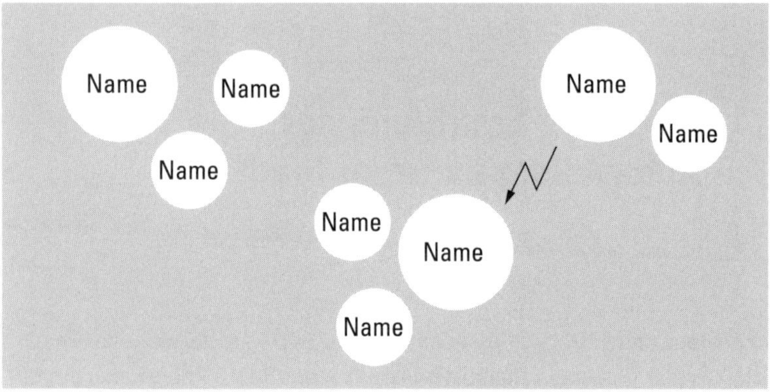

■ **Fünfter Schritt: Nachbesserung.** Lassen Sie die Zeichnung auf sich wirken und verändern Sie diese so lange, bis Sie das Gefühl haben, dass es für Sie stimmig ist. Denken Sie daran, dass es hier nicht um eine objektive Festlegung geht, sondern lediglich Ihre subjektive Einschätzung wird zu Papier gebracht.

■ **Sechster Schritt: Kontinuierliche Überprüfung.** Überprüfen Sie von Zeit zu Zeit Ihre subjektive Autoritätsstruktur. Insbesondere, wenn Mitarbeiter das Team verlassen oder neue Mitarbeiter in das Team aufgenommen werden, ändert sich üblicherweise diese Struktur.

Kapitel 12: Impfungen beugen vor

Wie Mitarbeiter vor negativen Beeinflussungen geschützt werden

Die Führungskräfte und Teilprojektleiter trafen sich wieder zu ihrem *Jour fixe*. Die Stimmung war diesmal positiv, wenn auch längst noch nicht euphorisch. Neben verschiedenen Punkten auf der Agenda gab es den Tagesordungspunkt »Allgemeine Stimmung«, den Frau Sikorsky eingebracht hatte.

Sie erwähnte die positive Veränderung in den letzten Wochen, wies aber gleichzeitig darauf hin, dass es weiterhin einige Kollegen gab, denen die ganze Veränderung gegen den Strich ging. Was ihr besonders am Herzen lag, war die Gruppe der Unentschlossenen. Je nach Stimmungslage waren sie einmal für die Veränderung und das andere Mal dagegen. Ihre Meinung änderte sich oft kurzfristig. Wenn sie mit Kollegen Kontakt hatten, die »pro« eingestellt waren, übernahmen sie deren Meinung, das galt leider auch im umgekehrten Fall.

Frau Sikorsky sagte: »Das kann doch nicht sein, dass ein so großer Teil der Mitarbeiter der ganzen Veränderung indifferent gegenübersteht. Wenn dieser Personenkreis von den falschen Personen beeinflusst wird, ist unsere ganze bisherige Überzeugungsarbeit umsonst.«

Herr Schulte pflichtete seiner Kollegin bei: »Ja, es gibt immer noch eine schweigende Mehrheit, die sich leicht beeinflussen lässt. Wenn wir nicht aufpassen, arbeitet diese Gruppe schnell gegen das Projekt.«

Dann meldete sich eine Person zu Wort, die bisher noch nicht alle in der Gruppe kannten. Es handelte sich um den neu eingestellten Vertriebsfachmann. Sein Name war Peter Seller. Er sollte den Bereich Vertrieb und Marketing neu aufbauen. Seller stellte sich zunächst selbst vor. Er erwähnte seine Erfahrung im Aufbau von internationalen Vertriebsorganisationen sowie seine Erfolge als Vertriebsleiter. Dann sprach er zu dem Thema: »Ich habe viele Jahre als Vertriebsprofi gearbeitet. Da ist mir mancher Verkaufserfolg gelungen. Ich war in der Regel dann erfolgreich, wenn ich meinen Kunden eine öffentliche Festlegung abringen konnte. Das sollten wir hier ebenfalls machen.«

Enders verstand gar nichts, wollte sich aber keine Blöße geben, deswegen sagte er: »Genau, wir brauchen mehr öffentliche Festlegungen. Ich weiß natürlich genau, was Sie damit meinen, Herr Seller, allerdings gibt es hier in dieser Runde den einen oder anderen der hat, na sagen wir mal einen etwas anderen Erfahrungshintergrund. Vielleicht könnten Sie daher Ihren Punkt noch einmal in einfachen Worten erläutern.«

Seller stand auf und sprach zu den Anwesenden: »Gerne. Ich erläutere das am besten anhand eines früheren Verkaufsgespräches. Seinerzeit war ich Starverkäufer in einem Autohaus. Da kam ein Kunde zu mir, dem erläuterte ich unser Angebot des Monats. Da der Kunde nicht gleich anbiss, fragte ich ihn, was ihm an dem Angebot noch fehle. Daraufhin sagte er, das Auto sei sehr schön, allein der Preis sei ihm doch zu hoch.«

Seller erläuterte weiter: »Das war für mich ein klares Signal, dass der Kunde doch interessiert war. Ich vergewisserte mich, ob er das Auto denn zu einem geringeren Preis kaufen würde. Der Kunde nickte zustimmend.«

Die anderen Teilnehmer hörten gespannt zu und Seller fuhr fort: »Ich ging dann in ein Nebenzimmer und tat so, als ob ich mit meinem Chef verhandeln würde, kam wieder in den Verkaufsraum zurück und sagte strahlend, dass ich fünf Prozent Abschlag auf den Kaufpreis geben würde. Jetzt konnte der Kunde nicht mehr zurück. Er hatte ja schon von sich aus bestätigt, dass er das Auto zu einem geringeren Preis kaufen würde.«

Die Mimik der Zuhörer verriet eine Mischung aus Erstaunen, Empörung und Ablehnung über ein derartiges taktisches Vertriebsgebaren. Seller sprach jedoch weiter: »Das meine ich mit Festlegung. Der Kunde hatte sich in dem Gespräch quasi öffentlich verpflichtet, das Auto unter bestimmten Bedingungen zu kaufen. Danach wollte er seine eigene Meinung nicht mehr wechseln.«

Enders saß mit offenem Mund da. Zum Glück war es mittlerweile schon spätabends und die Versammlung neigte sich dem Ende zu. Dies war für Enders eine Erleichterung, so konnte er sich noch mit dem Flaschengeist in Ruhe austauschen.

Meinungsfestigung durch klare Positionierung

Noch am gleichen Abend eilte Enders in das Turmzimmer. Der Geist wusste natürlich schon über alles Bescheid und begrüßte ihn mit den Worten: »Tja, Jungchen, das sind wohl moderne Verkaufspraktiken. Zu meiner Zeit gab es so etwas noch nicht. Aber wenn man einmal die unfairen Elemente beiseitelässt, scheint mir der Grundgedanke doch sehr wertvoll. Jemand, der sich freiwillig zu einer bestimmten Sache äußert, legt sich damit in gewisser Weise fest. Er ist dann nicht mehr so leicht umzustimmen. Er ist quasi geimpft gegen äußere Bazillen.«

Enders warf ein: »Bazille ist ein guter Begriff, wenn ich da an Krotzi denke.«

Der Geist führte ein weiteres Beispiel an: »Ich war früher in unserem Ort für eine begrenzte Zeit Schöffe am Gericht. Diese Arbeit war eine besondere Ehre. Bei dem Auswahlgespräch fragte mich der Richter, ob ich mich nur meinem Gewissen verantwortlich fühlen würde und mich im Zweifelsfall dem Gruppendruck anderer Jurymitglieder widersetzen würde. Darauf sagte ich im Brustton meiner Überzeugung: Ja. Mir blieb auch gar nichts anderes übrig, weil ich sonst nicht vom Richter akzeptiert worden wäre.«

Enders fragte nach: »Und was hat Ihre Aussage nun bewirkt?«

Der Geist erklärte ihm: »Dadurch, dass ich mich in dieser Weise öffentlich festgelegt hatte, war ich wirklich resistent gegen die Beeinflussungsversuche der anderen Jurymitglieder. Ich war geimpft.«

Enders stellte fest: »Das Prinzip der öffentlichen Festlegung ist also weder gut noch schlecht, es kommt darauf an, zu welchem Zweck es eingesetzt wird.«

Der Geist bestätigte: »Genau, dem Ganzen liegt der Wunsch nach Konsistenz zugrunde. Jeder Mensch möchte von anderen als konsistent wahrgenommen werden. Dazu muss man bei der eigenen Meinung bleiben, sonst würde man schnell den Eindruck eines leichtfertigen Wendehalses machen.« Und er erläuterte weiter: »Das Bedürfnis nach Konsistenz bezieht sich aber nicht nur auf öffentliche Festlegungen, sondern auch auf individuelle Entscheidungen. Wenn sich Menschen für eine Sache entschieden haben, dann werden sie ihre Entscheidung später öffentlich verteidigen. Nicht selten erfolgt so die Meinungsbildung erst nach der Entscheidung und nicht umgekehrt, wie man es eigentlich erwarten könnte.«

Enders konnte das nicht nachvollziehen: »Das ist doch Blödsinn. Wenn ich mir ein Auto kaufe, dann überlege ich mir, was mir wichtig ist, wäge die Alternativen ab, bilde mir eine Meinung und entscheide mich dann als letzten Schritt des Prozesses.«

Der Geist lächelte: »So? Da habe ich aber etwas ganz anderes beobachtet, Jungchen. Als du dir damals ein Auto kaufen wolltest, hattest du zwar eine Liste von Kriterien zusammengestellt, dann hast du aber plötzlich dieses schicke rote Cabrio im Fenster des Autohauses gesehen. Du wolltest unbedingt dieses Auto haben. Schlagartig hast du deine Kriterien dem aktuellen Kaufwunsch angepasst.«

Enders nickte kleinlaut: »So? Das ist mir selbst gar nicht mehr bewusst.«

Der Geist führte weiter aus: »Erinnerst du dich noch an die Gedanken, die dir seinerzeit durch den Kopf gingen? Statt vier Sitzen würden eigentlich zwei reichen. Die 200 PS des Cabrios, die weit über deine Planung hinausgingen, waren dir auf einmal wichtig, um in Gefahrensituationen besser reagieren zu können. Die rote Farbe des Autos war plötzlich ein entscheidender Sicherheitsfaktor, weil man damit schneller von anderen Verkehrsteilnehmern gesehen wird. Du hast alles nachträglich so hingebogen, dass es zu deiner Entscheidung passte. Das nennt man rationalisieren.«

Enders war das alles nicht ganz geheuer: »Woher wissen Sie denn das alles?« – »Nun, als Geist hat man so seine Kontakte. Weißt du noch, Jungchen, wie zwei Monate nach deinem Autokauf eine Fachzeitschrift einen Autotest herausbrachte, bei dem dein Modell ganz schlecht abschnitt? Du hast den Test nicht gelesen, sondern die Kompetenz der Zeitschrift angezweifelt. Durch deine Kaufentscheidung hast du dich selber geimpft.«

Enders schmollte in einer Ecke des Zimmers, hörte aber weiter den Ausführungen zu. »Kein Mensch duldet Unklarheit und Widersprüche in seinem Kopf. Um der Konsistenz willen werden daher große Anstrengungen gemacht. Da bist du kein Einzelfall. Die Menschen versuchen, kognitive Dissonanzen zu vermeiden, und vollbringen dazu enorme intellektuelle Leistungen.«

Enders warf nun doch bissig ein: »Flaschengeister stehen wahrscheinlich über solchen menschlichen Unzulänglichkeiten.« Der Geist erwiderte mit einem Lächeln: »Wir stehen nicht darüber, wir schweben darüber!«

Nun konnte auch Enders einen Beitrag liefern: »Mir fällt auch ein Beispiel ein. Erinnern Sie sich an den Herrn Klawuttke? Der hatte seinen Mitarbeitern die unangenehme Wahrheit über die Auflösung des Fuhrparks persönlich mitgeteilt. Durch seine Handlung positionierte er sich eindeutig. Wenn er diese Aufgabe anderen überlassen hätte, wäre seine Meinungsbildung vielleicht nicht ganz so eindeutig vollzogen worden.«

Der Geist schmunzelte: »Das stimmt. Zur Ehrenrettung der Menschen muss ich aber sagen, dass natürlich auch oft die Meinungsbildung der öffentlichen Festlegung, der individuellen Entscheidung und der freiwilligen Handlung vorausgeht. In der Praxis überlagern sich oft die einzelnen Prozesse.« Und wieder fing er an zu zeichnen.

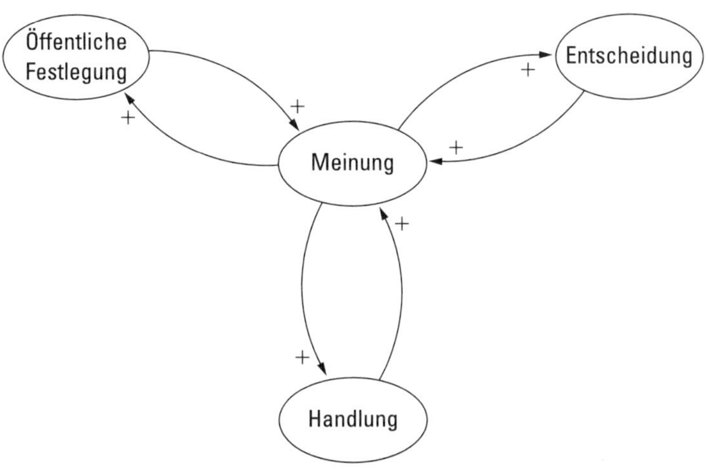

Enders erkannte sofort die positiven Beziehungen. Alles verstärkte sich gegenseitig. Und der Geist erläuterte: »Wie du siehst, liegen hier lauter Wechselwirkungen vor. Wenn man eine bestimmte Meinung hat, trifft man eine korrespondierende Entscheidung, vollzieht eine entsprechende Handlung und legt sich demgemäß öffentlich fest. Für uns ist jedoch der umgekehrte Mechanismus von Bedeutung, denn wir wollen ja gerade die Meinung festigen.«

Plötzlich bekam Enders leuchtende Augen. Er sagte nur: »Alles klar«, und rannte aus dem Zimmer. Dem Geist schwante nichts Gutes.

Zwang vermeiden

Enders bestellte Herrn Kreutzer zu sich in sein Büro. In dem Projekt von Herrn Schulte war durch Mithilfe des Herrn Klawuttke eine größere Katastrophe gerade noch verhindert worden. Kreutzer verhielt sich daraufhin eigentlich sehr konstruktiv. Nach zwei, drei Bierchen zusammen mit besagtem Krotzi könnte Herr Kreutzer aber schnell wieder die Fahnen wechseln, so dachte Enders. Dagegen musste er etwas unternehmen.

Enders begrüßte den Eintretenden: »Guten Tag, Herr Kreutzer, können Sie sich denken, warum ich Sie hergebeten habe?«

Doch Kreutzer hatte keine Ahnung: »Ehrlich gesagt, nein. Ich sehe mittlerweile doch ein, dass die Veränderung notwendig ist.«

Enders nickte wohlwollend: »Sehr schön. Nehmen Sie einstweilen noch nicht Platz. Ich habe hier zwei Stühle vorbereitet. Auf dem einen steht: *Für Veränderung.* Auf dem anderen steht: *Gegen Veränderung.* Setzen Sie sich bitte auf einen Stuhl, ganz nach Ihrer Wahl, aber entscheiden Sie sich.«

Kreutzer machte ein gequältes Gesicht. Um weiteren Schwierigkeiten zu entgehen, setzte er sich schließlich auf den seiner Meinung nach *richtigen* Stuhl und sagte dabei: »Ich bin für die Veränderung.« Enders hakte sofort nach: »Können Sie das bitte noch einmal wiederholen. Ich habe hier einen Verstärker. Sprechen Sie direkt in das Mikrofon. Es ist mit den Lautsprechern auf dem Betriebshof verbunden. Also los.«

Kreutzer war das alles sehr unangenehm, deswegen murmelte er mehr, als dass er sprach: »Die Veränderung, die könnte man gegebenenfalls unter Umständen auch positiv …«

Enders unterbrach ihn: »So geht das doch nicht. Sprechen Sie mir nach: Ich, Johannes Kreutzer …« – »Ich, Johannes Kreutzer …« – Enders: »… stelle hiermit unwiderruflich fest …«

Danach konnte das Gespräch nicht mehr fortgesetzt werden, da Kreutzer das Büro fluchtartig verlassen hatte.

Rahmenbedingungen, die die eigene Positionierung ermöglichen

Beim anschließenden Gespräch schüttelte der Geist permanent seinen Kopf und schimpfte vehement über Enders. Er sagte: »Du verhältst dich, als wenn du nicht in einer Brauerei arbeiten würdest, sondern auf der Polizeiwache. Eine öffentliche Festlegung lässt sich doch nicht erzwingen. Du kannst lediglich die notwendigen Rahmenbedingungen dazu gestalten.«

Erst nach einer Weile beruhigte sich der Geist und malte die Rahmenbedingungen auf, die zur Meinungsfestigung nützlich sind.

Öffentliche Festlegung

- Präsentationen
- Vertretung nach außen
- Informelle Kontakte nutzen
- Erfolge verkünden

Entscheidung

- Aktive Mitarbeit im Projekt
- Treue zum Unternehmen
- Unternehmensverantwortung

Handlung

- Teilprojektleitung
- Kernaufgaben übernehmen
- Eigene Ideen einbringen
- Engagement

Der Geist erläuterte seine Zeichnung: »Im Grunde geht es doch wieder darum, die Betroffenen zu Beteiligten zu machen. Je mehr sie sich in ihren Festlegungen, Entscheidungen und Handlungen mit der Veränderung befassen, desto größer wird ihre positive Einstellung zur Veränderung sein.«

Als Erstes erläuterte der Geist die öffentlichen Festlegungen: »Warum soll nicht auch einmal ein Mitarbeiter Projektergebnisse öffentlich präsentieren? Dadurch festigt sich seine positive Grundeinstellung zur Veränderung. Wenn Verhandlungen mit anderen Bereichen zu führen sind, kann dies ebenfalls ein Mitarbeiter machen. Nichts wirkt erfolgreicher als Erfolge. Wenn ein Mitarbeiter Erfolge der eigenen Projektarbeit verkünden kann, wirkt sich dies positiv auf seine Einstellung zur gesamten Veränderung aus. »

Als Nächstes beschrieb der Geist seine Gedanken zu den Handlungen: »Hierunter zähle ich alle Aktivitäten, die in Verbindung mit dem Veränderungsprojekt stehen. Je mehr die Aufgaben des Veränderungsprojektes auf verschiedene Schultern verteilt werden, desto mehr verbreitet sich in der gesamten Belegschaft eine positive Meinung zur Veränderung. Warum sollen nicht auch Mitarbeiter Teilprojekte leiten? Es müssen nicht immer die Führungskräfte sein. Ideen der Mitarbeiter sollten wohlwollend aufgenommen und möglichst umgesetzt werden. Jegliches Engagement einzelner Mitarbeiter im Veränderungsprozess sollte nachhaltig gewürdigt werden.«

Schließlich erläuterte der Geist den Aspekt Entscheidungen: »Wenn ein Mitarbeiter für sich die Entscheidung trifft, eine aktive Rolle im Veränderungsprozess zu übernehmen, legt er sich in seiner positiven Meinung zur Veränderung fest. In gleicher Weise wirkt die bewusste Entscheidung, dem Unternehmen in der Phase der Veränderung die Treue zu halten. Je mehr unternehmensrelevante Entscheidungen ein Mitarbeiter treffen kann, desto mehr Unternehmensverantwortung übernimmt er, desto gefestigter steht er auch hinter der Veränderung. Aus diesem Grund sollte man unbedingt als Führungskraft darauf achten, dass möglichst viel Entscheidungsverantwortung an die Mitarbeiter übertragen wird und nicht alles selbst entschieden wird. – Du siehst, Jungchen, es geht eher um eine indirekte Hilfe und um die Bereitschaft, Hindernisse aus dem Weg zu räumen, als mit der Brechstange auf die Mitarbeiter loszugehen. Um es noch einmal klar sagen, es geht mit diesen Methoden nicht darum, andere zu überreden, sondern ihnen die Möglichkeit zu geben, sich in ihrer Meinung zu festigen.«

Methode: Knowledge-Konferenz

■ **Erster Schritt: Planung der Konferenz.** Planen Sie eine sogenannte Knowledge-Konferenz. Ziel dieser Zusammenkunft soll es sein, die Transparenz im Veränderungsprojekt zu erhöhen, indem jeder Mitarbeiter seine Projektaktivitäten einem größeren Zuhörerkreis vorstellt. Messen Sie dieser Konferenz eine große Bedeutung bei. Stellen Sie sicher, dass möglichst viele Mitarbeiter an dieser Konferenz teilnehmen.

■ **Zweiter Schritt: Planung der individuellen Präsentation.** Um langweiligen Detailinformationen vorzubeugen, dennoch aber die öffentliche Festlegung der Präsentierenden zu steigern, sollte die Präsentation nach folgenden Kriterien aufbereitet sein:

Name:

Funktion:

Meine Verantwortung im Projekt:

Mein Beitrag zum Gesamtziel:

Meine Erfolge:

Meine Erwartungen:

■ **Dritter Schritt: Zeitmanagement.** Es ist wichtig, dass möglichst viele Personen ihre Arbeit und/oder ihre Ergebnisse präsentieren können. Je nach Größe des Projektes sollte daher eine Zeitbegrenzung beziehungsweise eine Höchstzahl der Folien eingehalten werden. Steigern Sie die Bedeutung dieser Konferenz durch die Anwesenheit hochrangiger Personen.

■ **Vierter Schritt: Inhaltliche Moderation.** Achten Sie während der Konferenz darauf, dass sich die Teilnehmer nicht in Detaildiskussionen verfangen. Ziel der Konferenz ist es, einen Überblick über die personelle Zuordnung zu allen Teilaufgaben zu geben. Fragen können gestellt werden, längere Diskussionen sind aber zu vermeiden. Diese Diskussionen können im Nachhinein erfolgen. Schließlich ist jetzt bekannt, wer für welchen Themenbereich zuständig ist.

■ **Fünfter Schritt: Motivierung der Teilnehmer.** Sorgen Sie während der Präsentationen für eine positive und motivierende Atmosphäre. Beifall und Anerkennung nach jeder Präsentation machen es den Betroffenen leichter, ihre Präsentation vorzutragen.

Kapitel 13: Schlüsselpersonen der Veränderung

Wie man mithilfe der Kraftfeldanalyse die Systemkräfte nutzt

Es tat Enders gut, ungestört in seinem Büro zu sitzen und über den Betriebshof zu schauen. Er reflektierte die Zeit, die er bisher in Kleinberghofen verbracht hatte. Es war zweifellos schon eine Menge erreicht worden, dennoch sah er sich selbst immer noch mehr als Antreiber denn als Moderator der Veränderung. Die passive Haltung mancher Mitarbeiter beunruhigte ihn zutiefst. Der Veränderungsprozess wurde längst nicht von allen Mitarbeitern aktiv vorangetrieben.

Mittlerweile war der Kontakt zu dem Flaschengeist so selbstverständlich geworden wie der morgendliche Kaffee. Seinen Gedanken nachhängend schlich Enders wieder die alte Holztreppe hinauf und wollte seinen Kummer dem Flaschengeist kundtun. Dieser erriet natürlich sofort die Sorgen von Enders: »Es ist schön, dass du dieses Unbehagen in dir trägst. Das zeigt mir, dass du außer Zahlen auch noch andere Dinge im Kopf hast. Schon in unserer letzten Sitzung habe ich dir deutlich gemacht, wie man Mitarbeiter nachhaltig am Veränderungsprozess beteiligen kann. Hättest du diese Ratschläge von Anfang an berücksichtigt, wäre dir dein jetziger Frust erspart geblieben.«

Enders maulte: »Hätte, hätte, hätte …«

Der Geist fuhr fort: »Na ja, es ist ja noch nicht Hopfen und Malz verloren. Es gibt sehr wohl Mitarbeiter, die dem Veränderungsvorhaben positiv gegenüberstehen. Natürlich gibt es immer noch die anderen, die der Veränderung ablehnend bis misstrauisch begegnen. Nicht alle haben aber den gleichen Einfluss im Unternehmen. Das können wir ausnutzen.«

Enders wollte wissen: »Geht das auch ein wenig genauer?«

Der Geist erklärte ihm: »Einfluss oder Macht auf der einen Seite und die persönliche Einstellung zum Projekt auf der anderen Seite bilden zwei unabhängige Faktoren. Sie spannen eine Matrix auf und bilden die Grundlage der Kraftfeldanalyse.« Der Flaschengeist krümmte sich angestrengt und zeichnete wieder.

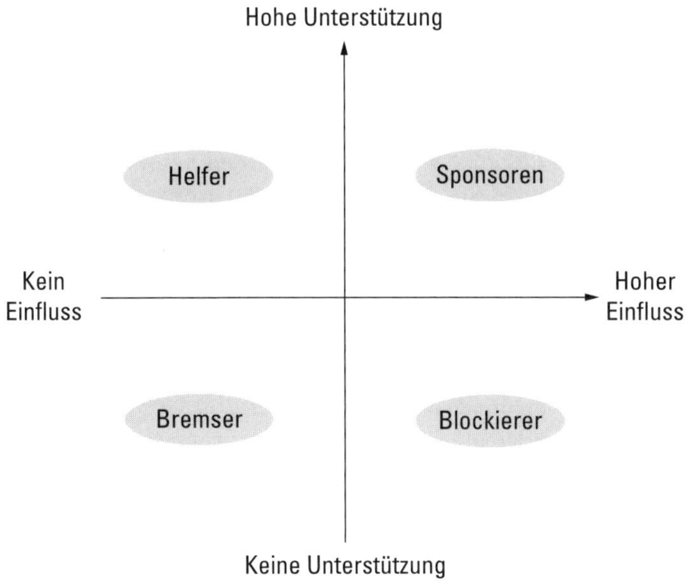

Dann erläuterte er die Matrix: »In jedem Veränderungsprozess gibt es Personen mit hohem Einfluss und solche mit geringerem Einfluss, und es gibt Menschen, die die Veränderung unterstützen oder sie eher behindern. Deine Aufgabe als Veränderungsmanager ist es zunächst, jene Schlüsselpersonen des Veränderungsprozesses zu benennen und den entsprechenden Feldern zuzuordnen. Danach werden wir wieder die vorhandenen Kräfte des sozialen Systems nutzen, um deine eigenen Kräfte zu schonen.«

Enders erkannte: »Das ist ja so ähnlich wie die Autoritätsstruktur.«

Der Geist entgegnete: »Na ja, es werden hier schon andere Aspekte erfasst. Es wird eben nicht nur ein bestehendes Projektteam analysiert, sondern die Auswahl der entsprechenden Schlüsselpersonen bildet hier eine wichtige Kernaufgabe.«

Enders war es noch nicht ganz klar: »Wie komme ich nun auf diese Schlüsselpersonen?«

»Ein paar Namen sind ja offensichtlich, die fallen einem sofort ein. Hier sind ein paar hilfreiche Fragen:

- Wer hat die Veränderung initiiert?
- Wer arbeitet im Projektteam mit?
- Wessen Arbeitsbereich wird von der Veränderung berührt?
- Wer verspricht sich etwas von der Veränderung?
- Wer vermutet, etwas durch die Veränderung zu verlieren?

Für die Auswahl sollte man sich ausreichend Zeit nehmen. Manchmal denkt man an eine Person erst im zweiten oder dritten Anlauf. Gerade wenn man über die letzten beiden Fragen nachdenkt, kommt man oft zu ganz unerwarteten Ergebnissen. Bei der Analyse der Schlüsselpersonen geht es nun wirklich vor allem um Qualität und Vollständigkeit und nicht um Geschwindigkeit.«

Enders fragte nach: »Gesetzt den Fall, ich habe alle Schlüsselpersonen ermittelt und sie nach bestem Wissen und Gewissen in die entsprechenden Felder eingetragen, was mache ich anschließend damit?«

Und der Geist fuhr fort: »Das ist der zweite Teil dieser Methode. Lass uns gemeinsam überlegen. Was würdest du mit Sponsoren machen, Jungchen?«

Enders meinte erfreut: »Nun, Sponsoren haben großen Einfluss auf den Veränderungsprozess und sie haben ein Interesse an seinem Erfolg. Alles paletti, würde ich sagen, hier braucht man sich nicht groß zu engagieren.«

Doch der Geist rief entrüstet: »Megafalsch! Wie man in der heutigen Sprache wohl zu sagen pflegt. Hier muss man sich im Gegenteil besonders engagieren. Hier hat man eine Kraftquelle, die man unbedingt nutzen muss. Was nützt einem der beste Sponsor, wenn er in seiner Ecke sitzen bleibt und sich nicht weiter um den Veränderungsprozess kümmert? Jungchen, mit den Sponsoren hast du ein Pfund, mit dem du wuchern solltest. Wo immer es geht, solltest du versuchen, die Sponsoren in den Veränderungsprozess einzubinden. Sie können nicht zuletzt aufgrund ihres hohen Einflusses oder ihrer hohen Macht andere Personen schnell überzeugen. Bringe sie mit Personen zusammen, die der Veränderung noch ablehnend gegenüberstehen. Da erreichst du eine viel größere Hebelwirkung, als wenn du alles alleine machen würdest.«

Enders kam gar nicht dazu, den Geist zu unterbrechen, der engagiert fortfuhr: »Erinnerst du dich an eine unserer ersten Sitzungen? Da haben wir über die Stärken gesprochen. Hier greift der gleiche Grundgedanke. Man sollte sich auf das besinnen, was gut läuft, und dort seine Energie hineinstecken, statt sich immer mit Fehlern und Mängeln herumzuschlagen.«

Enders antwortete kleinlaut: »Einverstanden, ich werde also ein besonderes Augenmerk auf die Sponsoren haben.«

Und der Geist bohrte weiter: »Gut. Weiter zur nächsten Gruppe, den Blockierern. Was würdest du mit denen machen?«

Enders wusste sich keinen rechten Rat: »Nun, die haben großen Einfluss und sind gegen die Veränderung eingestellt. Tja, mir fallen da nur strafrechtlich relevante Vorgehensweisen ein.«

Der Geist erklärte: »Mitgliedern dieser Gruppe kann man auf zwei Arten begegnen. Erstens sollte man sie in Kontakt mit den Sponsoren bringen. Sie haben den gleichen Einfluss und oftmals die gleiche hierarchische Stellung wie die Blockierer im Unternehmen. Bei einem Kontakt träfe man sich hier sozusagen auf gleicher Augenhöhe. Zum anderen könntest du versuchen, die Gründe für die Ablehnung der Blockierer herauszufinden. Wenn du die wahren Gründe der Ablehnung kennst, kannst du kreative Lösungen entwickeln, die es einem Blockierer möglicherweise erlauben, seine Interessen zu verfolgen, ohne den Veränderungsprozess zu behindern. Verstanden?«

Enders wollte das nicht wahrhaben: »Ich soll diese Quertreiber auch noch nach ihren Gründen fragen?«

Der Geist antwortete ruhig und gelassen: »Ganz genau. Ich gebe dir ein Beispiel, Jungchen. Auf unserer letzten Podiumsveranstaltung mit dem Thema ›Flaschengeister im Wandel der Zeit‹ gab es einen Flaschengeistkollegen, der wollte immer das Fenster ganz weit aufmachen; ich dagegen wollte es geschlossen haben. Wir hätten uns beinahe in die Haare gekriegt, wenn wir welche hätten. Wir stritten um jeden Zentimeter, wie weit das Fenster geöffnet werden durfte. – Schließlich kam der Podiumsleiter zu uns und fragte uns, warum ich das Fenster geschlossen haben wollte und warum mein Kontrahent es so weit öffnen wollte. Ich hatte Angst vor einer Erkältung und mein Widersacher brauchte frische Luft zum Denken. Nachdem unsere Interessen allen bekannt waren, konnten wir neue, kreative Lösungen entwickeln. Wir kamen auf die Idee, ein Fenster im Nachbarraum zu öffnen. Es war nun ausreichend frische Luft vorhanden und ich brauchte mich nicht mehr um den Zugwind zu sorgen.«

Enders begann zu begreifen: »Verstehe, man muss irgendwie versuchen, die wahren Beweggründe für die Ablehnung von Blockierern herauszufinden, um dann über kreative Lösungen den Blockierer in der Matrix nach oben zu transferieren, bis er vielleicht sogar zum Sponsor wird. Hört sich einfach an.«

Geist: »Na ja, das wäre schon ein sehr anspruchsvolles Ziel. Wenn man die Blockierer ein wenig neutralisieren würde, wäre schon viel erreicht. Was machen wir mit der nächsten Gruppe, den Bremsern? Sie sind gegen das Projekt eingestellt, haben aber keinen großen Einfluss.«

Enders meinte dazu: »Auch hier muss man gründlich analysieren, was die Bremser dazu bewegt …«

Der Geist unterbrach ihn: »Bedenke, Jungchen, als Veränderungsmanager hast du nur begrenzte Ressourcen zur Verfügung, und die gilt es effizient einzusetzen. Im Zweifel würde ich mich nicht besonders um diese Gruppe kümmern, sondern meine Zeit lieber den Blockierern und den Sponsoren widmen.«

Enders richtete sich auf, ohne etwas zu sagen.

Geist: »Du brauchst gar nicht so scheinheilig und entrüstet zu gucken. Wir sind hier nicht auf einem Seminar von Gutmenschen, bei dem man sich um alles und jedes kümmern kann. Es ist letztlich die Frage, bei welchen Teammitgliedern man die größte Hebelwirkung erzielt.«

Enders gab nach: »Einverstanden. Gut, den Bremsern sollte man im Zweifel nicht so starke Beachtung schenken. Die Helfer sollten wahrscheinlich auch stark in das Geschehen eingebunden werden, nicht wahr?«

Der Geist unterstrich die Aussage: »Die Helfer, unsere letzte Gruppe, unterstützen eigentlich den Veränderungsprozess, ihr Einfluss ist aber vergleichsweise gering. Es ist richtig, dass man diesen

Personenkreis stärker einbinden sollte. Je nach Situation könnte man versuchen, diesen Mitarbeitern mehr Verantwortung zu geben. Auf alle Fälle sollten sie in Kontakt mit anderen Personen gebracht werden, um ihre positive Einstellung zur Veränderung auf diese zu übertragen.«

Gerade wollte Enders sich erheben, da wurde er von dem Geist noch zurückgehalten: »Einen Moment noch, Jungchen. Ich habe vorhin von hierarchischer Macht gesprochen. Diese ist ein ganz wichtiger Faktor, der den Einfluss auf das Veränderungsgeschehen begründet, aber nicht der einzige. Man kann Einfluss auch aufgrund von ganz anderen Quellen besitzen. Sekretärinnen und Teamassistentinnen werden diesbezüglich gerne unterschätzt. Die fachliche Autorität kann im Einzelfall von entscheidender Bedeutung sein. Dann gibt es noch die persönliche Autorität, die haben wir bereits bei der Darstellung der Autoritätsstruktur im sozialen System betrachtet.«

Enders erhob sich von seinem Stuhl. Er wollte zurück in sein Büro gehen, um das Gehörte erst einmal zu verarbeiten. Der Geist gab ihm noch folgende Worte mit auf den Weg: »Ich glaube, du wirst diese Methode schneller anwenden können, als es dir lieb ist.« Es schien, als wenn dieser wabbelige Flaschengeist bei seinen Worten schmunzelte.

Die Anwendung der Kraftfeldanalyse

Die Freude auf eine ruhige Verarbeitung der Informationen währte nur kurz, denn in seinem Büro wartete schon Frau Giesicke. Als Computerspezialistin war sie für ein wichtiges Teilprojekt verantwortlich. Es sollten die Prozesse und Abläufe aufeinander abgestimmt und mit einheitlicher Software unterlegt werden. Der belgische Konzern wollte natürlich in Kleinberghofen die gleichen Systeme und Programme zum Einsatz bringen, die weltweit zur Anwendung kamen. Neben Frau Giesicke arbeiteten noch zwei Vertreter aus Belgien, Herr Cueman und Herr Peters, sowie Frau Sikorsky, der Auszubildende Jochen Bröge und der schon bekannte Georg Krotzmeier in dem Teilprojekt.

Frau Giesicke hielt sich gar nicht mit langen Vorreden auf: »So geht das nicht weiter. So kann ich nicht arbeiten. Ich habe auch einen Ruf zu verlieren.«

Enders versuchte, beruhigend auf sie einzuwirken, was ihm erwartungsgemäß nicht gelang. Er schob vorsorglich ein Taschentuch über den Tisch, weil nach seiner bisherigen Erfahrung Gespräche dieser Art häufig in Weinkrämpfen endeten. Frau Giesicke konnte auf dieses Hilfsmittel jedoch zunächst verzichten.

Enders erkannte die Gelegenheit, mit seinem gerade erworbenen Wissen zu kokettieren: »Ich schlage vor, eine Kraftfeldanalyse einzusetzen und die entsprechenden Schlüsselpersonen zu identifizieren. Wenn Sie nicht wissen, wie man das macht, so helfe ich Ihnen gerne.« Nach etwa einer halben Stunde war Frau Giesicke schließlich fertig und präsentierte ihr Ergebnis:

Interessiert blickte Enders auf die Zeichnung, nickte zustimmend und murmelte: »Sieh an, der Auszubildende Jochen Bröge unterstützt nach Meinung von Frau Giesicke kräftig das Projekt, natürlich hat er aufgrund seiner Position nicht so einen hohen Einfluss.

Ich würde aufgrund meiner Erfahrung vorschlagen, ihn mit verantwortungsvolleren Aufgaben zu betrauen. Man muss diese Personen mehr in das Geschehen einbinden.«

Dabei blickte er besserwisserisch zu Frau Giesicke, die nicht wusste, dass Enders nur jenes Wissen kundtat, das er vor einer Stunde selbst aufgenommen hatte.

Giesicke überlegte: »Vielleicht könnte man mit Herrn Dr. Klingbeil oder Frau Schäfers sprechen. Beide haben in diesem Projekt zwar keine bedeutende Rolle, aber ihr Verhalten lässt schon zu wünschen übrig. Ein hohes Engagement legen die beiden jedenfalls nicht an den Tag.«

Enders schmunzelte wieder überlegen: »Oh, da haben wir ja einen typischen Anfängerfehler, Frau Giesicke. Bedenken Sie, eine Führungskraft muss ihre Zeit effizient nutzen. Statt sich zu lange mit den Bremsern aufzuhalten, sollte man sich lieber den Sponsoren und den Blockierern widmen. Aus meiner Erfahrung ist die richtige Prioritätensetzung der Schlüssel zum Erfolg guter Führungsarbeit.«

Enders schmückte sich hier zwar wieder mit fremden Federn, es tat ihm aber gut nach den langen, teilweise erniedrigenden Sitzungen mit dem Flaschengeist. Schließlich kamen sie auf den Blockierer zu sprechen. »Den Herrn Krotzmeier habe ich auch schon in einem anderen Projekt kennengelernt. Er ist in gewisser Weise ein Original«, meinte Enders, und Frau Giesicke erwiderte: »Für mich ist dieser Kerl nur blöd. Er torpediert alle Ansätze und macht sich über neue Vorschläge grundsätzlich lustig. Dummerweise ist er in diesem Projekt von großer Bedeutung, nur er kennt die genauen Abläufe, die wir in unsere integrierte Softwarelösung einbinden müssen.«

Enders: »Was ist denn so schlimm an diesem Herrn?«

Giesicke: »Ich weiß nicht, ob man dieses Miststück als Herrn bezeichnen kann. Krotzmeier oder Krotzi oder auch Kotzi genannt, versucht immer, andere aufzuwiegeln, sieht in jedem normalen Kontakt zu unseren belgischen Kollegen schon einen Hochverrat, ist cholerisch und zudem gemeingefährlich. Er soll einen unserer Auszubildenden mit einer Eisenstange bedroht haben, nur weil dieser eine Erklärung nicht gleich verstanden hatte. Wenn es nach mir ginge, würde ich ihn am liebsten in ein Wildschweingehege sperren.«

Enders beschwichtigte: »Liebe Frau Giesicke, zum Glück sieht die Methode der Kraftfeldanalyse andere Lösungswege vor. Wir bringen ihn in Kontakt mit den Sponsoren und versuchen, die hinter seiner Ablehnung liegenden Interessen auszuloten. Vielleicht können wir dann seine wahren Wünsche auf einem anderen Weg erfüllen und ihn so von seiner ablehnenden Haltung abbringen. Wen haben wir denn als Sponsoren? Ach, das sind natürlich Sie, Frau Giesicke, und wer verbirgt sich dann hinter diesen drei X?«

Giesicke antwortete: »Das sind Sie als Gesamtprojektleiter. Wenn ich Sie richtig verstehe, würden Sie, streng nach der Methode, mit diesem Monster Kontakt aufnehmen.«

Enders stotterte: »Nun, im Prinzip, äh … Sagen Sie, hat er wirklich eine Eisenstange verwendet?«

Enders' Glaubwürdigkeit stand auf dem Spiel. Ihm blieb nichts anderes übrig, als sich mit Herr Krotzmeier zu treffen. Er lud ihn für den Nachmittag in sein Büro ein.

Vor dem Termin setzte sich Enders in seinen Bürostuhl und meditierte vor sich hin: »Ich habe keine Vorurteile. Jeder Mensch hat einen guten Kern. Liebe ist stärker als Hass.«

Dann erschien Herr Krotzmeier. Er stand unschlüssig im Büro herum. In seiner rechten Hand hielt er tatsächlich ein langes Eisenrohr, was Enders die Sprache verschlug. Krotzmeier erläuterte, dass er dieses Rohr als Hebel benutzt hatte, um ein bestimmtes Ventil zu schließen. Enders vergaß seine Meditation, blickte starr auf dieses Rohr und eröffnete die Auseinandersetzung: »Lieber Herr Krotzmeier, ich darf doch Kotzi zu Ihnen sagen, äh, ich meine Krotzi. Also, lieber Herr Krotzmeier. Ich glaube an das Gute im Menschen. Es wird langfristig das Böse besiegen, was meinen Sie?«

Krotzmeier: »Kann schon sein.«

Enders: »Es ist nämlich so. Jeder Mensch hat so seine Interessen und Ziele, die er erreichen möchte. Ich zum Beispiel möchte gerne Karriere machen, dazu sollte dieses Projekt erfolgreich abgewickelt werden. Wo wir gerade davon sprechen, was haben Sie denn so für Interessen?«

Krotzmeier: »Nix.«

Enders: »Was machen Sie denn gerne, wenn Sie nicht gerade hier im Projekt herumstänkern, äh arbeiten? Was sind denn Ihre Hobbys?«

Krotzmeier: »Angeln.«

Enders: »Aha, kann es sein, dass Sie glauben, dieses Veränderungsprojekt hält Sie vom Angeln ab?«

Krotzmeier: »Nein.«

Enders: »Schade. Empfinden Sie unsere Kommunikation auch so angenehm wie ich?«

Krotzmeier: »Ehrlich gesagt – nein.«

Enders: »Also, um es auf den Punkt zu bringen: Mir wurde zugetragen, dass Sie das Projekt von Frau Giesicke boykottieren. Ich frage mich nun, warum. Sie sind doch kurzfristig von keiner Entlassung bedroht. Warum stellen Sie sich allen Neuerungen in den Weg?«

Krotzmeier: »Ach so, warum fragen Sie mich das denn nicht gleich? Ich will nicht in einer internationalen Firma arbeiten. Das ist nichts für mich.«

Enders: »Das ist natürlich ein sehr verständlicher Wunsch. Warum wollen Sie das nicht?«

Krotzmeier: »Weil das eben nichts für mich ist.«

Enders: »Warum?«

Krotzmeier: »Nun, ich habe keinen richtigen Schulabschluss, eigentlich war ich nur ein paar Jahre auf der Schule. Der Klawuttke vom Fuhrpark wusste das. Er hat mich damals in die Brauerei vermittelt. Er hat mir immer geholfen, wenn es mal Schwierigkeiten gab. Jetzt ist der Klawuttke nicht mehr da. Über kurz oder lang werde ich hier sowieso rausfliegen. Ich kann weder Englisch noch verstehe ich die theoretischen Inhalte, mit denen ich mich neuerdings auseinandersetzen muss. So, jetzt ist es raus.«

Enders stutzte kurz und antwortete: »Mensch Krotzi, wenn Sie so unwichtig wären, wie Sie sagen, dann hätte ich Sie doch gar nicht zum Gespräch eingeladen. Sie sind doch ein Experte auf Ihrem Gebiet, meinen Sie, darauf wollen wir verzichten? Sehen Sie das doch einmal so: Frau Giesicke hat sich über Sie beschwert. Meinen Sie, das hätte sie getan, wenn Sie ein unbeschriebenes Blatt wären? Sie hat sich beschwert, weil sie Sie braucht, weil sie auf Ihre Kenntnisse angewiesen ist. In gewisser Weise war die Beschwerde eine fachliche Anerkennung.«

Enders war über seine Rede sichtlich stolz. Das hätte er sich selber gar nicht zugetraut.

Krotzmeier versprach, sich zukünftig kooperativer zu verhalten, während Enders ihm eine gezielte Weiterbildung zusicherte. Als Krotzmeier gegangen war, dachte Enders für sich: Um die wahren Interessen oder Sorgen herauszufinden, muss man manchmal ganz schön lange nachbohren. Da reicht die Frage »Warum?« nicht einmal, sondern man muss sie wohl drei- bis viermal stellen. Das scheint ein universelles Prinzip zu sein. Das Ziele-Wirkungs-Diagramm aus der ersten Begegnung mit dem Flaschengeist konnte auch nur fertiggestellt werden, indem man immer wieder »Warum?« fragte.

Methode: Kraftfeldanalyse

Erster Schritt: Matrix zeichnen. Zeichnen Sie ein Koordinatenkreuz mit den unten beschriebenen Achsenbezeichnungen:

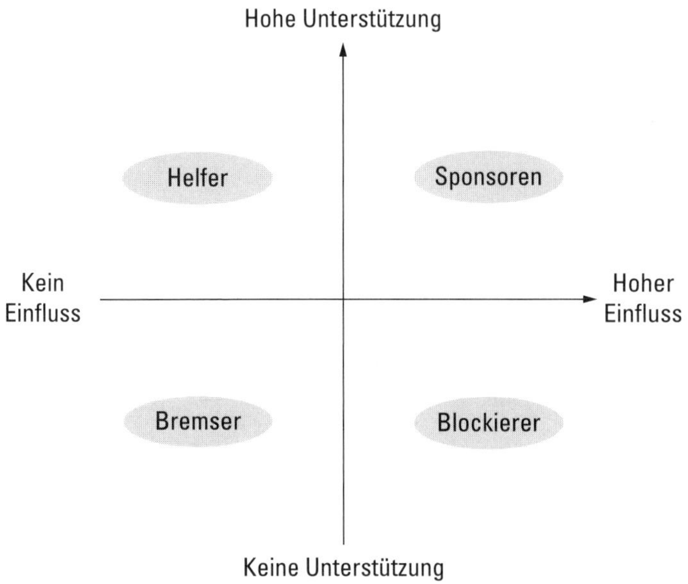

Zweiter Schritt: Schlüsselpersonen definieren. Tragen Sie alle Ihnen bekannten Personen in die entsprechenden Koordinatenfelder ein. Lassen Sie eine gewisse Zeit verstreichen und überlegen Sie noch einmal: Wer ist an dem Veränderungsprozess beteiligt?
Hilfreiche Fragestellungen:

- Wer hat die Veränderung initiiert?
- Wer arbeitet im Projektteam mit?

- Wessen Arbeitsbereich wird von der Veränderung berührt?
- Wer fühlt sich als Gewinner durch die Veränderung?
- Wer fühlt sich als Verlierer durch die Veränderung?

Dritter Schritt: Maßnahmenplanung. Überlegen Sie sich Aktionen, mit denen Sie auf die einzelnen Personen einwirken können.

Sponsoren:
Stärkere Einbindung schaffen.
Kontakt zu Blockierern vorbereiten.

Blockierer:
Einzelgespräche führen.
Erkennen der Interessen und Sorgen.
Wege finden, die die Interessen berücksichtigen, ohne den Veränderungsprozess zu gefährden.

Bremser:
Kurzen Überzeugungsversuch starten.
Gegebenenfalls keine weitere Beachtung schenken.

Helfer:
Höhere Verantwortung übertragen.
Einbindung in den Kommunikationsprozess verstärken.

Kapitel 14: Aufbautraining

Wie man die Veränderungsbereitschaft durch kurzfristige Erfolge steigert

Es waren schon wieder zwei Wochen vergangen und ein weiterer *Jour fixe* stand an. Enders hatte sich zu diesem Termin etwas Besonderes ausgedacht: Jeder Teilprojektleiter sollte ein Motivationsdiagramm mitbringen. Damit war eine Kurve gemeint, die die Motivation der Mitarbeiter seit Beginn des Integrationsprozesses in die Brauereikette wiedergab.

Zunächst wurde dazu jeder einzelne Projektmitarbeiter gebeten, rückwirkend einzuschätzen, wie hoch seine individuelle Motivation während der vergangenen Zeit gewesen war. Anschließend wurden dann die einzelnen Kurven übereinandergelegt und gemittelt, sodass für jedes Teilprojekt eine kumulierte Kurve entstand.

Die Kurven sollten im ersten Schritt »rein nach Gefühl« gezeichnet werden. Erst danach sollte mit der Ursachenforschung begonnen werden. Warum stieg die Kurve zu einem bestimmten Zeitpunkt an beziehungsweise warum fiel sie zu dieser Zeit gerade ab? Mit dieser zweistufigen Methode sollten die wirklichen Einflüsse auf die Motivation exakter ermittelt werden können.

Enders fasste die Kurven der verschiedenen Teilprojekte dann in einem Diagramm zusammen und präsentierte sie auf dem Jour fixe.

Enders hatte nur drei Teilprojekte exemplarisch aufgeführt. In einer Erkenntnis stimmten aber alle Projekte überein: Immer dann, wenn ein Projektteam ein Erfolgserlebnis verbuchen konnte, genau dann stieg auch die Motivationskurve an. Andererseits, wenn längere Zeit von den Teammitgliedern kein Erfolg wahrgenommen wurde oder gar ein Misserfolg zu verzeichnen war, dann brach die Kurve dramatisch ein. Offensichtlich war nichts motivierender als die Wahrnehmung des eigenen Erfolges.

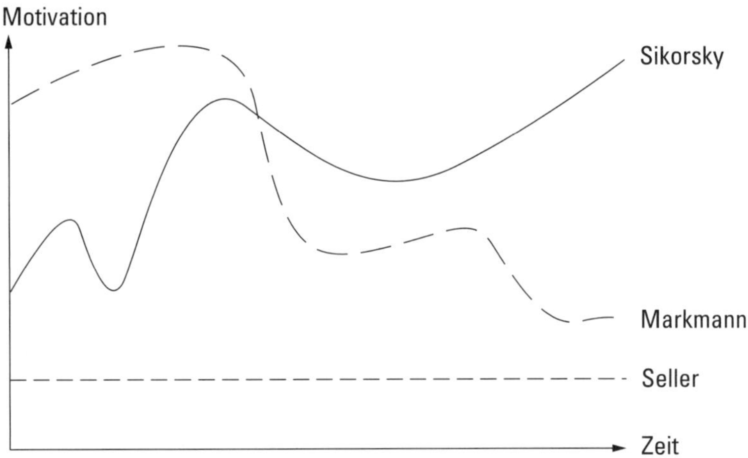

Frau Sikorsky erläuterte die Situation in ihrem Team: »Bei uns im Team war anfänglich vor allem Skepsis vorherrschend. Unsere Zielsetzung war daher eher schwammig, das drückte auf die Stimmung im Team. Dann wurde ich für eine Woche krank, das führte leider dazu, dass die Motivation im Projekt weiter in den Keller ging. Als wir den ersten Kontakt mit den Fachleuten aus Belgien hatten, steigerte sich nach und nach die Motivation. Wir sahen endlich Licht am Ende des Tunnels.«

Frau Sikorsky fuhr fort: »Als wir dann den ersten Teilprozess bei uns erfolgreich implementierten, da war die Motivation wieder ganz oben. Ich weiß noch, wie Frau Schröder eine Flasche Sekt hervorzauberte und wir den Erfolg im kleinen Kreis feierten.«

Enders bedankte sich für die Ausführungen: »Da sieht man, wie wichtig die kleinen Erfolge für die Motivation sind.«

Enders bat daraufhin Herrn Markmann, die Kurve aus seinem Team zu erläutern: »Also die Kurve sagt bereits alles. Auch wir hatten zunächst unsere Zielsetzung klar gezogen, das steigerte die Motivation. Wir sollten versuchen, unsere Einkaufskosten zu reduzieren. Da die bestehenden Lieferanten keine Preiszugeständnisse machten, mussten wir uns nach neuen Lieferanten umsehen. Anfänglich waren wir alle ganz zuversichtlich. – Dann kam jedoch aus Brüssel ein Fax, danach sollten wir die Einkaufspreise um mehr als 30 Prozent senken, das schien uns unmöglich zu sein. Wir waren regelrecht frustriert. Na, da sackte die Motivationskurve regelrecht in den Keller und hat sich seitdem auch nicht mehr erholt.«

Markmann erläuterte weiter: »Aus dieser Stimmung heraus passierte dann noch etwas: Ein Mitarbeiter kündigte alle neuen Verträge und holte die alten Lieferanten wieder ins Boot. Er meinte, wenn wir die Vorgaben sowieso nicht einhalten können, dann brauchen wir die Lieferanten nicht zu wechseln.«

Enders fragte irritiert nach: »Sie meinen, man ist einfach wieder in die alten Verhaltensweisen zurückgefallen?«

Markmann bestätigte: »Ja, die alten Lieferanten kannte man. Es war für die Mitarbeiter einfach bequemer, mit ihnen zusammenzuarbeiten. Jedenfalls ging daraufhin unsere Motivation noch ein weiteres Stück herunter.«

Enders konnte nicht umhin, den Kopf zu schütteln. Dennoch bedankte er sich bei Markmann für seine offenen Worte und bat nun Herrn Seller, seine Motivationskurve zu erläutern: »Tja, unsere Motivationskurve kann leider nicht auf die kleinsten Erfolge verweisen. Unsere Aufgabe war es, eine eigene Vertriebsstruktur aufzubauen. Wir sind hier ehrlich gesagt nicht einen einzigen, nicht mal einen kleinen Schritt vorangekommen. Deswegen ist unsere Kurve eine Gerade.«

Seller erklärte weiter: »Ich hatte mehrere Anläufe gemacht, um mit den entsprechenden Herren in Belgien zu sprechen, leider fühlte sich dort niemand richtig zuständig für unser Projekt. Schließlich hatte ich einen eigenen Vorschlag direkt an die Konzernzentrale geschickt. Der wurde jedoch mit der Begründung abgelehnt, man entwickle gerade eine eigene Vertriebsstruktur. Im Grunde ließ man uns am ausgestreckten Arm verhungern.«

Enders verschlug es beinahe die Sprache, dennoch bedankte er sich für die offenen Worte und beendete daraufhin die Sitzung.

Kleine Erfolge verhindern den Rückfall in alte Verhaltensweisen

Obwohl es schon spät war, begab sich Enders direkt in das Turmzimmer, wo er schon erwartet wurde. Enders stampfte im Kreis herum und schimpfte: »Warum hat Herr Markmann bloß zugelassen, dass wieder die alten Lieferanten eingesetzt wurden? Warum hat dieser Seller nicht rechtzeitig Alarm geschlagen, als er mit dem Vertriebsprojekt nicht vorankam?«

Der Geist begrüßte ihn erfreut: »Jungchen, zunächst möchte ich dich zu deiner Methode der kumulierten Motivationskurven beglückwünschen. Durch die Darstellung der Kurven sind die Probleme erst offen zutage getreten. Du hättest diese Kurven nur früher von den Mitarbeitern zeichnen lassen sollen, dann hätte man rechtzeitig gegensteuern können.

Enders begehrte auf: »Sie finden auch immer ein Haar in der Suppe.«

Doch der Geist fuhr unbeirrt fort: »Wenn wir die Sitzung einmal in Ruhe Revue passieren lassen, dann ergeben sich folgende Erkenntnisse:

- Erstens: Kleine Erfolge steigern die Motivation, vorausgesetzt, man ist sich ihrer bewusst.
- Zweitens: Ohne Erfolge gibt es eine Tendenz zurück in den alten Zustand.«

Enders nickte, setzte sich ein wenig deprimiert in den Sessel und öffnete sich nahezu unbewusst eine Flasche Kleinberghofener Dunkelbier, was der Geist wohlwollend zur Kenntnis nahm. Der krümmte sich auch gleich wieder und ein Bleistift malte Folgendes:

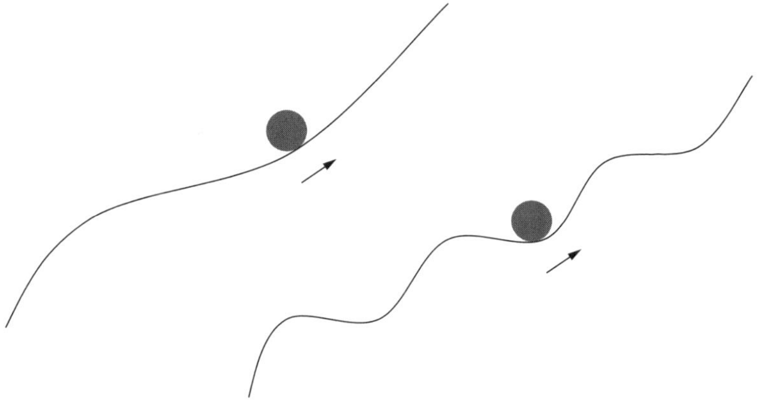

Anschließend erläuterte er die Zeichnungen: »Ich habe dir hier symbolisch zwei Veränderungsprozesse aufgezeichnet. In beiden Fällen muss man eine Kugel nach oben rollen. Das ist die Aufgabe der Teams, die den Veränderungsprozess vorantreiben. Während man sich in dem linken Bild jedoch permanent anstrengen muss, erfährt man in dem rechten Bild dadurch eine gewisse Entlastung, dass man die Kugel in eine Kuhle schiebt, aus der sie von alleine nicht so ohne Weiteres zurückrollen kann.«

Das verstand Enders, hatte aber gleich eine Nachfrage: »Sehr schön, und wie schafft man sich die entsprechenden Kuhlen?«

Der Geist erklärte es ihm: »Diese hilfreichen Kuhlen in der rechten Kurve erzielt man durch die kleinen Erfolge. Sehr wichtig war übrigens, dass Frau Sikorsky in ihrem Team diese kleinen Erfolge gebührend gefeiert hat. Viele Erfolge werden in dem allgemeinen Stress oft gar nicht richtig wahrgenommen. Dann können sie natürlich keine Motivationswirkung erzielen. Durch ein kleine Feier richtet man dagegen die Aufmerksamkeit auf sie.«

Enders bemerkte: »Um in Ihrem Bild zu bleiben: Ohne kleine Erfolge rollt die Kugel schnell wieder nach unten, wie es Herrn Markmann passiert ist. Ich kann immer noch nicht glauben, dass die Mitarbeiter ihre bisherigen Arbeitsergebnisse einfach über Bord warfen, nur weil sie glaubten, ihr Ziel sowieso nicht zu erreichen. Damit waren ihre bisherigen Anstrengungen völlig umsonst.«

Der Geist schmunzelte: »Na ja, so ein Verhalten ist schon menschlich. Ich kenne da einen jungen Manager, nennen wir ihn Jürgen E., der wollte Französisch lernen. Als die ersten Erfolge ausblieben, ließ er es bleiben. Er ist dann in einen teuren Fitnessclub eingetreten, als hier ebenfalls die schnellen Erfolge ausblieben, wandte er sich von diese Art Sport schnell ab. Soll ich noch fortfahren?« – »Ist ja gut, ist ja gut.«, bremste ihn Enders sogleich. Er wollte sich gerade bequemer hinsetzen, als er mitsamt seinem Stuhl zusammenbrach. Wütend stampfte er mit seinen Füßen auf den Boden und brüllte: »Dieser blöde Stuhl, kein Wunder bei dem Alter. Ich habe schon die ganze Zeit gemerkt, dass er ziemlich wackelig ist. Ich hätte mich wahrlich schlimm verletzen können.«

Der Geist schmunzelte wieder: »Du bist selbst schuld. Dir war die Gefahr durchaus bekannt. Du hättest den Stuhl einfach wegschmeißen können. Dann hättest du sichergestellt, dass du dich nicht mehr auf ihn setzt. Du hättest es dir auf diese Weise selbst unmöglich gemacht, dich auf einen kaputten Stuhl zu setzen.«

Enders brummte: »Ja, Eure Heiligkeit, danke für Ihr Mitgefühl.«

Der Geist ließ nicht locker: »Aber genau darauf kommt es in Veränderungsprozessen an: Wenn man eine Veränderung vornimmt, muss man es gleichzeitig unmöglich machen, in die alten Verhaltensweisen zurückzufallen!« – »Und was hätte ich in dem Projekt von Herrn Markmann wegwerfen sollen?«, fragte Enders und der Geist antwortete: »Die alten Lieferantenbeziehungen – natürlich nur symbolisch. Du hättest klipp und klar untersagen müssen, dass die Verträge mit alten Lieferanten verlängert werden können.«

Der Geist versuchte, an der Decke eine bequemere Stellung einzunehmen, während Enders über die kleinen Erfolge nachdachte. Es müsste doch möglich sein, diese kleinen Erfolge von vornherein einzuplanen, so dachte er. Der Geist blickte auf Enders: »Ich weiß schon, worüber du nachdenkst: Kleine Erfolge sollte man nicht dem Zufall überlassen. Da hast du recht. Ich gebe dir ein Beispiel: Ich war in meiner Jugend Amateurboxer. Jetzt staunst du, was? Ich war gar nicht so schlecht. Zu einer richtigen Karriere hat es zwar nicht gereicht, aber in unserem Ort war ich in meiner Gewichtsklasse der Beste. Eines Tages bot man mir viel Geld an, falls ich gegen einen Profi aus England antreten würde. Zunächst fühlte ich mich sehr geschmeichelt, dann wurde mir jedoch klar, warum ich ausgewählt worden war. Man brauchte mich als Aufbaugegner für den Engländer. Der Profi bereitete sich auf einen wichtigen Kampf in seinem Heimatland vor und ich sollte ihm durch meine Niederlage das notwendige Selbstbewusstsein verschaffen. Ich war Bestandteil eines geplanten kleinen Erfolges in seiner Kampfvorbereitung.«

»Und? Haben Sie verloren?«, wollte Enders wissen.

Der Geist bestätigte: »Ja, aber nur nach Punkten. Das Geld habe ich übrigens in die Brauerei gesteckt. Ohne den Kampf wärst du jetzt nicht hier. Ich will damit ja nur sagen, dass die kleinen Erfolge sehr wohl planbar sind.«

Enders dachte an den Fußballverein seiner Heimatstadt, der zur Vorbereitung auf die nächste Saison auch immer gegen ausgewählte Aufbaugegner antrat, was leider regelmäßig nur die Aufbaugegner aufbaute. Nach längerem Nachdenken sagte er: »Eigentlich könnte man die Projektmitarbeiter doch dadurch motivieren, dass man ihnen vorspielt, sie hätten schon kleine Erfolge erzielt.«

Der Geist widersprach energisch: »Untersteh dich bloß, fang nicht schon wieder an, deine Glaubwürdigkeit aufs Spiel zu setzen. Wenn die Mitarbeiter hinter deine Absicht kommen, brauchst du dich in der Brauerei nicht mehr sehen zu lassen.« Und er fuhr fort: »Kleine Erfolge lassen sich nicht erzwingen. Man kann sie nicht bestellen wie eine Pizza. Man kann aber sehr wohl Rahmenbedingungen schaffen, innerhalb deren Erfolge möglich sind. Eine geschickte Projektplanung ist in diesem Zusammenhang Gold wert. Meilensteine bilden ideale Zwischenstufen zum Erfolg. Man muss sie schon während der Planung herausstellen. In dem Projekt von Herrn Markmann wäre ein Meilenstein zum Beispiel die Analyse und Kündigung bestehender Lieferverträge.«

Enders dachte schon an das nächste Teilprojekt: »Und welchen Erfolg hätte man in dem Vertriebsprojekt von Herrn Seller einplanen können?«

Der Geist gab ihm zur Antwort: »Hier gilt im Grunde das Gleiche. Ein klarer Projektplan mit Meilensteinen hätte den Weg zu den Minierfolgen geebnet. Du hättest dich beispielsweise mit Seller zusammensetzen, und dir kleine Erfolge ausdenken können.«

Das konnte Enders nicht ganz nachvollziehen: »Wie denn bloß?« – »Ihr hättet vom Ergebnis her zurückdenken müssen. Zunächst beschreibt man den Idealzustand, der bei einem erfolgreichen Projektverlauf erreicht werden soll. Diese Beschreibung sollte möglichst viele Aspekte beinhalten. Diese Aspekte können sich sowohl auf Fakten als auch auf Stimmungen oder Meinungen beziehen. In dem Projekt wäre ein Aspekt zum Beispiel eine effiziente Vertriebsorganisation, ein anderer Aspekt wäre die erfolgreiche Unterstützung aus der Konzernzentrale. Diese Aspekte des Erfolges sind anschließend auf einzelne Elemente herunterzubrechen. Sie wiederum bilden die Basis für die Planung kleiner Erfolge.«

Enders nickte und machte sich auf, das Turmzimmer zu verlassen. Der Geist rief ihm noch nach: »Du solltest in jedem Fall mit der Zentrale in Belgien sprechen, damit das Projekt unbedingt die entsprechende Unterstützung bekommt.«

Methode: Motivationskurven als Abbild kurzfristiger Erfolge

Erster Schritt: Individuelle Motivationskurven erstellen. Bitten Sie zu bestimmten Zeitpunkten im Projektablauf Ihre Teammitglieder, eine individuelle Motivationskurve zu zeichnen. Wie hoch war die jeweilige Motivation im bisherigen Projektverlauf? Es geht zunächst nur um die Darstellung der Empfindungen in einem bestimmten Zeitraum. Bereiten Sie dazu zum Beispiel ein Koordinatensystem vor, bei dem Sie auf der Zeitachse Termine eintragen, an die sich alle Mitarbeiter erinnern.

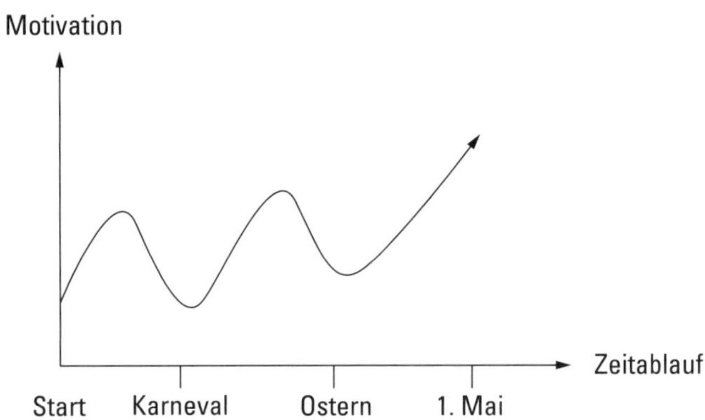

Zweiter Schritt: Kurvendiskussion. Übertragen Sie nun alle Kurven der einzelnen Teammitglieder in ein Diagramm. Bitten Sie jeden Mitarbeiter, seine Kurve zu erläutern. Was steigerte seine Motivation bei einem Anstieg der Kurve? Was reduzierte seine Motivation bei einem Abfall der Kurve? Dadurch dass sich die Mitarbeiter erst jetzt intensiv mit den Ursachen des Kurvenverlaufs beschäftigen, stoßen sie auf Begründungen, die ihnen vorher oft gar nicht bewusst waren. Häufig vermischen sich bei dieser Vorgehensweise geschäftliche und private

Vorfälle. Was dem einen Mitarbeiter als Motivationsgrund diente, war von einem anderen Teammitglied vielleicht gar nicht wahrgenommen oder sogar negativ interpretiert worden.

■ **Dritter Schritt: Weitere Erfolge planen.** Diskutieren Sie gemeinsam die Einflussfaktoren. Überlegen Sie, aufbauend auf diesen Diskussionsergebnissen, welche nächsten kurzfristigen Erfolge Sie anstreben und woran Sie diese erkennen würden. Durch konkrete Zustandsbeschreibungen wird es jedem Mitarbeiter einfacher gemacht, den später tatsächlich eintretenden Erfolg auch wahrzunehmen.

■ **Vierter Schritt: Erfolge bewusst machen.** Feiern Sie diese Erfolge gebührend, damit jedem Mitarbeiter die motivationsfördernde Situation deutlich wird und er den Erfolg für sich reflektieren kann.

Kapitel 15: Feedbackdauerdienst

Wie man durch doppeltes Feedback in Veränderungssituationen führt

Nach und nach neigte sich der Veränderungsprozess dem Ende entgegen. Die einzelnen Teilprojekte brachten zunehmend die gewünschten Ergebnisse. Enders erhielt ein großes Lob aus der Konzernzentrale. Er telefonierte mit dem Vorstandschef des Konzerns, der ihm eine gute Position in Belgien in Aussicht stellte.

Eine Aufgabe hatte sich Enders aber noch vorgenommen. Er wollte, wie er sich ausdrückte, einigen Leuten ernsthaft Feedback geben. Vor allem der neue Vertriebschef Seller hatte ihn mit seiner Arbeit doch sehr enttäuscht. Er wusste, dass Feedback ein wichtiges Führungsinstrument ist. So bestellte er Herrn Seller in sein Büro.

Er saß ihm direkt gegenüber und kam ohne Umschweife zu seinem Anliegen: »Herr Seller, ich habe Sie herbestellt, um Ihnen einmal richtig Feedback zu geben. Ihr Projekt ist ein einziges Trauerspiel, wenn man Ihre Aktivität überhaupt als Projekt bezeichnen kann. Die Motivationskurve Ihres Teams, die Sie bei unserem letzten Jour fixe zeigten, spricht ja wohl Bände. So sieht der Monitor auf einer Intensivstation aus, wenn für den Patienten nichts mehr zu machen ist. Menschenskind, da hätten Sie doch früher gegensteuern müssen.«

Seller entgegnete: »Ich wollte ja …«

Doch Enders unterbrach ihn sofort: »Jetzt rede ich, das ist mein Feedback. Also, ich bin schlichtweg enttäuscht. Wissen Sie überhaupt, wie wichtig eine funktionierende Vertriebsorganisation für uns ist? Nein, das wissen Sie natürlich nicht. Wahrscheinlich waren Sie mit Ihren Gedanken ganz woanders. Vermutlich haben Sie sich schon wieder nach einer neuen Stelle umgesehen. Seien Sie mir nicht böse, aber Sie sind einfach unfähig.«

Enders lehnte sich daraufhin zurück. Er wollte Regeln für die weitere Zusammenarbeit aufstellen, was jedoch nicht mehr möglich war, da Herr Seller wütend das Büro verließ. Dafür blies ein kräftiger Wind aus Richtung des Turmzimmers.

Kriterien des doppelten Feedbacks

Enders wusste, was er zu tun hatte. Er trottete er in das Turmzimmer, setzte sich und sagte: »Okay, ich weiß, das Feedback an Herrn Seller war nicht besonders gut gelungen, aber immerhin hat er nicht geheult.«

Der Geist hob nachdenklich seinen Kopf und sagte: »Ich blicke gerade in deine Vergangenheit, Jungchen.«

Enders stöhnte: »Nicht schon wieder.«

»Ich erinnere mich an ein ganz spezielles Feedback von dir. Wurdest du nicht vor einem halben Jahr zu einem Rendezvous eingeladen?« – »Was kramen Sie jetzt wieder aus?«, erschrak Enders, und der Geist berichtete weiter: »Die Dame hatte für dich ein erstklassiges Abendessen gezaubert, nicht wahr? Bei Kerzenschein gab es erlesene Vorspeisen, feinste Salate, Hummer und zum Nachtisch Tiramisu, dazu einen sehr guten Wein. Als sie dich nach dem Essen fragte, ob dir das Essen geschmeckt habe, sagtest du nur, dass du Fisch nicht so gerne essen würdest, schon gar nicht, wenn er noch roh ist. Das war das Ende des Rendezvous.«

Enders saß ganz kleinlaut da: »Woher wissen Sie …?«

Der Geist fuhr fort: »So etwas ist ein Leichtes für unsereins. Wie dem auch sei, dieses Feedback ist dir ebenfalls nicht gelungen. Also, jetzt bekommst du einen Schnellkurs: Es gibt im Grunde drei Arten von Feedback. Sie unterscheiden sich nach der Zielsetzung:

- Anerkennung,
- Verhaltensänderung oder
- Lösungsfindung.

Wenn du beispielsweise einer Person ein Kompliment machen willst, dann tue es ohne Umschweife und mäkele nicht an Details herum, sonst verliert sich die Wirkung. Bei deinem Abendessen wollte die Frau keine detaillierte Kritik hören, niemand strebte eine Verhaltensänderung oder Lösungsfindung an. Hier ging es nur um Wertschätzung und Bewunderung.«

Der Geist erläuterte weiter: »Als Führungskraft strebt man dagegen mit einem Feedback in der Regel eine Verhaltensänderung der Mitarbeiter an. Dazu sind einige Kriterien zu beachten. Feedback sollte sein:

- zeitnah,
- konkret,
- beschreibend (keine Interpretation),
- Trennung von Person und Sache sowie
- einfühlsam.

Das Feedback selbst kann positiv oder negativ sein. Durch ein positives Feedback versucht man, den Mitarbeiter in seinem Verhalten zu bestärken, durch ein negatives Feedback versucht man, ihn davon zu überzeugen, sein Verhalten zu ändern. In jedem Fall hat der Mitarbeiter am Ende eine klare Vorstellung davon, wie aus Sicht der Führungskraft sein zukünftiges Verhalten sein sollte.«

Enders warf dazwischen: »Ich hatte doch die besten Absichten, aber dieser Seller ist einfach abgehauen.«

Der Geist widersprach ihm: »Hinsichtlich der von mir erwähnten Kriterien hast du in dem Gespräch wirklich alles falsch gemacht, was man falsch machen konnte. Du hättest viel früher mit Herrn Seller Kontakt aufnehmen müssen. Jetzt, wo das Projekt schon fast vorbei ist, sind die Möglichkeiten des Gegensteuerns natürlich gering. – Außerdem hättest du einen konkreten Punkt heraussuchen müssen. Stattdessen hast du eine ganze Batterie von Beschimpfungen losgelassen. Kein Mensch ist in der Lage, offen zuzuhören, wenn er sich mehreren Vorwürfen gleichzeitig gegenübersieht. Weiterhin solltest du natürlich nur über jene Aspekte Feedback geben, die du auch wirklich wahrgenommen hast. Deine Annahme, dass sich Herr Seller bereits um eine neue Position in einem anderen Unternehmen bemüht, war ganz fehl am Platz.«

Der Geist holte tief Luft und ergänzte: »Und schließlich ist es unglaublich wichtig, dass du Fakten und Person sauber trennst. Deine Aussage ›*Sie sind unfähig!*‹ zielt eindeutig auf die Person ab und ist daher zu unterlassen. Na ja, und als einfühlsam konnte man deinen Auftritt wohl wirklich nicht bezeichnen. Du hast obendrein noch einen ganz gemeinen Trick angewandt: Du hast so getan, als ob du mit deiner Meinung die Allgemeinheit repräsentieren würdest. Du kannst aber nur für dich sprechen. Eine andere Person hätte das Verhalten von Seller vielleicht in ganz anderer Weise wahrgenommen.«

Enders erwiderte: »Nun seien Sie mal nicht zu kleinlich!«, worauf der Geist ausrief: »Das ist nicht kleinlich! Wenn du beispielsweise dein Feedback mit den Worten eingeleitet hättest: ›*Ich empfand es, dass …*‹, wäre das ganze Gespräch für Seller leichter zu verdauen gewesen. Feedback ist ein Geschenk.«

»Herr Seller wollte mein Geschenk ja nicht haben!«, warf Enders maulend ein.

Unbeirrt erläuterte der Geist weiter: »Kommen wir jetzt zur dritten Zielsetzung des Feedbacks, der gemeinsamen Lösungsfindung. Sie ist gerade in Veränderungsprozessen von besonderer Wichtigkeit. Hier gibt es nämlich in der Regel niemanden, der aufgrund höherer Einsicht weiß, wo es langgeht. Man betritt gewissermaßen gemeinsam Neuland. Also gilt es, eine gemeinsame Lösung zu finden. Der Feedbackgeber sollte sich daher etwas zurücknehmen. – Außerdem wird Feedback in Veränderungsprozessen permanent eingesetzt, um alle Aktivitäten auf die Zielerreichung auszurichten. Du kannst dir das wie ein Magnetfeld vorstellen. Wenn es angelegt wird, richten sich alle Aktivitäten auf die Vision aus.«

Der Geist krümmte sich, und mit dem Bleistift zeichnete er folgendes Bild:

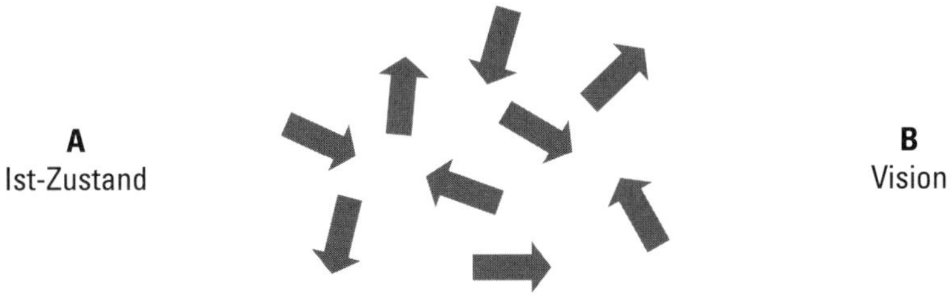

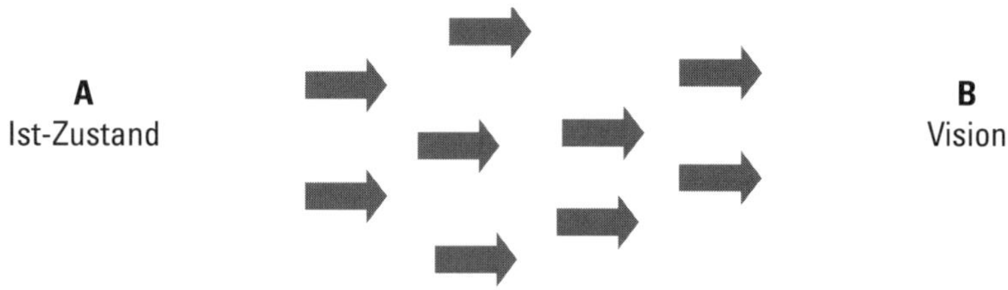

Enders konnte das alles nicht nachvollziehen: »Woher soll das Feedback denn kommen, wenn sich der Feedbackgeber zurücknimmt?«

Der Geist antwortete: »Er soll weiterhin den Feedbackprozess anstoßen, um gemeinsam effizientere Wege in der Veränderung zu finden. In einem ersten Schritt schätzt sich der Mitarbeiter zu seinem Verhalten aber selbst ein, bevor dann die Führungskraft ihre Sicht der Dinge kundtut.«

Enders wandte ein: »Dann würde sich Herr Seller ja selbst bewerten. Was soll denn das bringen? Er würde sich doch nur selbst loben.«

Der Geist entgegnete kopfschüttelnd: »Da unterschätzt du aber die Reflexionsfähigkeit der Mitarbeiter. Außerdem wird durch eine vernünftige Vorgehensweise der Blick ausschließlich auf die Zukunft gerichtet. Die Frage lautet: Wie kann man etwas in der Zukunft besser machen?«

Enders begriff nicht: »Wie soll das denn gehen? Sich selbst Feedback geben? Dann müsste sich ja der Mitarbeiter selbst beobachten.«

Der Geist bestätigte: »Genau. Wir Geister können das locker. Aber Menschen sind ebenfalls dazu in der Lage, sie müssen sich nur die Muße dazu geben. Wenn sie immer an irgendwelchen Rädchen drehen, werden sie nie auf den Gedanken der Selbstreflexion kommen.«

Enders fragte erstaunt: »Sie sind nicht zufällig auf einem meditativen Selbsterfahrungstrip?« »Blödsinn«, antwortete der Geist, »schon im alten Rom unterschied man zwischen der *Vita activa* und der *Vita passiva*. Nur wenn man das aktive Leben ab und zu unterbricht und über den Sinn seines Tuns nachdenkt, läuft man nicht Gefahr, sein Leben lang voller Energie gegen die Wände eines Irrgartens zu laufen.«

Das leuchtete sogar Enders ein: »Gut, aber wie bekomme ich nun meinen Gesprächspartner dazu, sich selbst Feedback zu geben?«

Der Geist erläuterte: »Ganz einfach. Du bittest ihn darum, sein eigenes Tun einmal mit den Augen einer anderen Person zu sehen. Du solltest ihm dazu natürlich genügend Zeit lassen. Sich der Muße hinzugeben heißt, sich Zeit nehmen. Wenn der Mitarbeiter erst einmal an dieses Gebaren gewöhnt ist, gehört die Selbstreflexion schnell zu seinem Verhaltensrepertoire.«

Enders wollte es nun genau wissen: »Und was passiert, wenn wir bei dem philosophischen Stelldichein nun unterschiedlicher Meinung sind?«

Geduldig erklärte es ihm der Geist genauer: »Bei diesem doppelten Feedback lassen sich vier Fälle unterscheiden.

- *Erster Fall:* Mitarbeiter und Führungskraft bewerten beide das bisherige Verhalten als ausgesprochen positiv. Dies ist eine günstige Situation, beide Gesprächspartner sind sich im Grunde einig, dass der Mitarbeiter in der bestehenden Weise fortfahren sollte. Ein solches Feedback ist deswegen aber alles andere als überflüssig. Gerade durch die gemeinsame Bestätigung wird dem Mitarbeiter eine gewisse Sicherheit vermittelt.
- *Zweiter Fall:* Mitarbeiter und Führungskraft sind sich darüber einig, dass die bisherigen Verhaltensweisen des Mitarbeiters nicht optimal waren. Die negative Einschätzung seines eigenen Verhaltens wird von der Führungskraft also bestätigt. Es gibt so gesehen keinen Disput. Beide Personen können in Ruhe Ideen entwickeln, wie sich der Mitarbeiter in Zukunft effizienter verhalten könnte. Dieser wird übrigens umso nachhaltiger neue Verhaltensweisen übernehmen, je eher die Ideen dazu von ihm selbst kommen.
- *Dritter Fall:* Der Mitarbeiter beurteilt seine bisherige Vorgehensweise als schlecht, die Führungskraft jedoch als gut. Dieser Fall kommt vergleichsweise häufig vor. Viele Mitarbeiter sind mitunter überkritisch mit sich selbst. Sie ziehen es manchmal sogar vor, aufgrund der besonderen Situation des Feedbackgespräches tiefzustapeln, um das Gegenüber zu positiven Äußerungen zu bewegen. Das geschieht in vielen Fällen unbewusst. Wie dem auch sei, es ist wichtig, dass in dieser Situation die Tatbestände

möglichst sachlich analysiert werden. Über- und Untertreibungen sind wegzuschleifen. Ideen, die von dem Mitarbeiter kommen, sind gemeinsam auf das Für und Wider hin abzuklopfen. Am Ende sollte eine gemeinsame Einschätzung für das zukünftige Verhalten gefunden werden.

- *Vierter Fall:* Dieser ist wohl der schwierigste Fall, der besonderes Fingerspitzengefühl erfordert. Der Mitarbeiter schätzt sein bisheriges Verhalten als positiv ein, er ist vielleicht sogar stolz auf das, was er bisher vollbracht hat. Die Führungskraft sieht die Situation jedoch ganz anders und möchte ihn von seinem bisherigen Verhalten abbringen. In diesem Fall sollte der Mitarbeiter zunächst die Hintergründe seiner positiven Einstellung erläutern, bevor die Führungskraft ihre Einschätzung darlegt. Oft werden so schon Missverständnisse aus dem Weg geräumt. Man sollte darauf achten, dass die unterschiedlichen Meinungen gegenseitig akzeptiert werden. In einem gemeinsamen Brainstorming kann man anschließend versuchen, Lösungswege zu finden, die beiden Ansichten besser gerecht werden. Dieses Feedback ist sehr wichtig, weil man dadurch über die Gedankengänge des jeweils anderen informiert wird. Wenn man weiß, wie der andere *tickt,* kann man bei zukünftigen Handlungen oder Entscheidungen dieses Wissen einbeziehen.«

Enders seufzte: »Das klingt aber ganz schön kompliziert.«

Doch der Geist beruhigte ihn: »Ist es aber nicht. Durch geeignete Fragestellungen lässt sich ein solches doppeltes Feedback leicht ausführen.«

Feedback lädt zur Reflexion ein

Enders führte mit den neu erworbenen Erkenntnissen ein weiteres Feedbackgespräch mit Herrn Seller. Es dauerte eine ganze Weile, bis Herr Seller »auftaute« und für ein offenes Feedbackgespräch bereit war. Danach war es jedoch sehr erfolgreich. Hätte er sich nicht so tölpelhaft in dem ersten Gespräch mit Herrn Seller verhalten, wäre es jetzt für alle Beteiligten wesentlich einfacher gewesen.

Enders dachte an die vielen anderen Gespräche zurück, die er hier in Kleinberghofen bereits geführt hatte. Verschiedene Situationen liefen wie in einem Film in seinem Kopf ab. Er sah sich selbst und seine eigenen Taten. Da war dieser eigenartige Bestechungsversuch an Herrn Huber, der kümmerliche Versuch, Herrn Kreutzer dazu zu bewegen, sich öffentlich festzulegen, Frau Schröder und Frau Sikorsky, die heulend vor ihm saßen. Immer mehr Szenen kamen ihm in den Kopf. Er sah sich plötzlich selbst von außen, wie es der Geist gefordert hatte.

Erst als Seller ihn heftig an der Schulter schüttelte, wurde Enders aus seinen Tagträumen gerissen. Er sagte: »Alles okay, ich habe nur etwas nachgedacht. Wissen Sie, alle großen Männer tun dies von Zeit zu Zeit. Das war schon im alten Rom so. Manchmal muss man sich der Muße hingeben, um sein eigenes Verhalten zu reflektieren.«

Seller deutete an, dass er diesen Prozess auf keinen Fall stören wolle, und verließ anschließend eilends den Raum. Enders grübelte noch eine Weile über sein eigenes Verhalten nach.

Dann dachte er an den Geist. Vielleicht wollte er ihm nebenbei einen Wink mit dem Zaunpfahl geben. Nicht nur Seller sollte über sein Verhalten nachdenken und sich von außen betrachten, sondern auch Enders. Auch er selbst sollte zwischen *Vita activa* und *Vita passiva* wechseln.

Methode: Durchführung eines doppelten Feedbacks

Erster Schritt: Orientierung geben. Erläutern Sie Ihrem Gesprächspartner die Vorgehensweise beim doppelten Feedback. Bitten Sie ihn, zunächst sich selbst von außen zu betrachten und seine Entscheidungen und Verhaltensweisen zu kommentieren. Alternativ können Sie Ihren Gesprächspartner auch bitten, sich mit den Augen einer bestimmten anderen Person zu sehen, zum Beispiel eines Kollegen oder des Chefs des Unternehmens. Diese Hilfestellung erleichtert es den Mitarbeitern, sich von außen zu betrachten.

Zweiter Schritt: Kriterien erläutern. Erläutern Sie die Grundlagen des Feedbacks anhand der Kriterien:

- zeitnah,
- konkret,
- beschreibend (keine Interpretation),
- Trennung von Person und Sache sowie
- einfühlsam.

Dritter Schritt: Unterstützung beim Selbstfeedback. Verwenden Sie folgende Fragestellungen, die Ihren Gesprächspartner dabei unterstützen, sich selbst Feedback zu geben:

- Wie empfanden Sie Ihre Tätigkeit?
- Was sahen Sie als besonders erfolgreich an?
- Warum?
- Was sahen Sie als weniger erfolgreich an?
- Warum?
- Wie, glauben Sie, bewerten Ihre Kollegen Ihre Tätigkeit?
- Was würden Sie anders machen, wenn Sie die Aufgabe noch einmal angehen würden?

- Welche Tipps würden Sie Ihrem Nachfolger geben?
- Stellen Sie sich vor, Sie wären der Unternehmensleiter, wie würden Sie aus seiner Sicht Ihr Verhalten bewerten?

Vierter Schritt: Fremdfeedback. Geben Sie anschließend Ihr Feedback nach den bekannten Feedbackregeln. Sprechen Sie möglichst in der Ich-Form, um Ihrem Gegenüber deutlich zu machen, dass auch andere Sichtweisen als Ihre denkbar sind.

Fünfter Schritt: Aktionen planen. Vergleichen Sie Ihre beiden Beurteilungen und suchen Sie gemeinsam nach neuen Lösungswegen. Diese Vorgehensweise ist natürlich davon abhängig, ob zwischen Ihnen und Ihrem Gesprächspartner Übereinstimmung oder Divergenzen herrschten und ob ein bestimmtes Verhalten positiv oder negativ gesehen wurde.

Mitarbeiter	Führungskraft	Aktion
positiv	positiv	Bekräftigen, dass bestehendes Verhalten weitergeführt werden soll. Loben.
negativ	negativ	Gemeinsame Suche nach neuen Lösungen. Weiteres Treffen vereinbaren, um neue Lösungsansätze zu bewerten.
negativ	positiv	Gegenseitige Erläuterung der unterschiedlichen Sichtweisen. Einigung über die weitere Vorgehensweise.
positiv	negativ	Gegenseitige Erläuterung der unterschiedlichen Sichtweisen. Einigung über die weitere Vorgehensweise.

Kapitel 16: Veränderung mit Persönlichkeit

Wie man den Persönlichkeitstyp im Veränderungsprozess nutzen kann

Der Umsatz des Kleinberghofener Dunkelbieres war in letzter Zeit wieder angestiegen, was die allgemeine Stimmung der Belegschaft aufhellte. Die von der Konzernzentrale entwickelte neue Marketingstrategie zeigte offensichtlich erste Früchte. Peter Seller, der sich eigentlich um dieses Thema hatte kümmern sollen, hatte dagegen schriftlich bei Enders gekündigt.

Persönlichkeitsausprägungen

Einigermaßen aufgewühlt begab sich Enders in das Turmzimmer. Der Geist machte offensichtlich Körperübungen, jedenfalls zog sich die wabbelige Erscheinung immer wieder zusammen und blies sich anschließend wieder auf. Auf die Frage von Enders, was es denn mit dieser komischen Gymnastik auf sich habe, antwortete der Geist nur geheimnisvoll: »Man weiß nie, wozu man demnächst eine gewisse Fitness noch braucht.«

Enders hatte für derartige Spielereien im Moment kein Verständnis und klagte dem Geist sein Leid: »Diese Kündigung wirft jetzt ein ganz schlechtes Licht auf mich. Gerade jetzt, wo ich vor dem nächsten Karrieresprung stehe. Dieser Seller war im Grunde ein einziger Versager. Sein Projekt war mit Abstand das schlechteste aller Teilprojekte. Er hatte außer tollen Sprüchen nichts zu bieten.«

Der Geist holte ihn wieder auf den Boden der Tatsachen zurück: »Hast du ihm nicht gerade ein Feedback gegeben?«

Enders bestätigte das: »Ja, aber offensichtlich war er nicht in der Lage, dieses anzunehmen. Stattdessen kündigt dieser Staubsaugerverkäufer einfach.«

Doch der Geist berichtigte ihn: »Ich glaube, da liegst du falsch. Er kündigte aus einem anderen Grund. Er konnte seine Fähigkeiten hier nicht effizient einsetzen.« – »Ich weiß nicht genau, worauf Sie hinauswollen, aber ich ahne, dass ich der Hauptschuldige bin«, erkannte Enders.

Und der Geist nickte kaum wahrnehmbar: »Indirekt schon. Du hast ihn schließlich ausgewählt. Neben den fachlichen Qualifikationen solltest du bei der Personalauswahl stets auch bestimmte Persönlichkeitsmerkmale berücksichtigen. Seller kann als durch und durch *dominanter Typ* bezeichnet werden. Solche Leute übernehmen gerne das Kommando, treffen schnell Entscheidungen, packen Probleme direkt an und wollen einfach Dinge ins Rollen bringen.«

Enders warf ein: »Ja und? Mein Segen hatte er, äh, Entschuldigung, meine Einwilligung zu diesem Verhalten hatte er.«

Doch der Geist erklärte: »Er fand aber leider in seinem Projekt nicht das Umfeld vor, in dem er seine Persönlichkeitsstärken hätte ausleben können. Er hätte viel mehr Bewegungsfreiheit gebraucht und ihm hätte Gelegenheit zu persönlichen Erfolgen gegeben werden müssen. Etwas weniger Kontrolle hätte ihm bestimmt gutgetan. – Stattdessen war er in den Fängen der Konzernmarketingabteilung gelandet. Was immer er vorschlug, was immer er durchsetzen wollte, es wurde von den Herren in Belgien abgelehnt. Er fand in seinem Aufgabenbereich einfach nicht das passende Umfeld für seinen Persönlichkeitstyp.«

Enders schrie auf: »Und jetzt will dieser Eisverkäufer sich an mir rächen oder was?«

Der Geist sah das jedoch anders: »Das glaube ich nicht. Er sucht sich einfach ein neues Umfeld, das besser zu ihm passt.« Und wieder vollführte er diese eigenartigen Körperübungen, die Enders doch sehr irritierten. Um ihn wieder zur Ruhe zu bringen, fragte er ihn: »Was gibt es denn noch für Persönlichkeitstypen, auf die man in irgendeiner Weise Rücksicht nehmen muss?«

Der Geist antwortete: »Es gibt die unterschiedlichsten Typologien. Ich unterscheide gerne zwischen *dominanten*, *initiativen*, *stetigen* und *gewissenhaften Typen*. Das hat sich in meinem Geschäft ganz gut bewährt.«

Enders interessierte das sehr: »Wen aus unserer Belegschaft würden Sie denn als *initiativen Typ* bezeichnen?« – »Da fällt mir als Erstes Frau Sikorsky aus der Personalabteilung ein«, meinte der Geist, doch Enders verstand das überhaupt nicht: »Wie kommen Sie denn darauf? Die fängt doch gleich zu heulen an, wenn man mit ihr spricht.«

Der Geist führte aus: »Das mit dem Heulkrampf lag ja wohl eher an dir, Jungchen. Frau Sikorsky ist ein Teammensch. Sie arbeitet gerne in der Gruppe, knüpft stets neue Kontakte, versprüht Optimismus, hat ständig neue Ideen, steht dabei auch gerne im Mittelpunkt und teilt ihre Gefühle offen anderen mit.«

Enders stimmte zu: »Das erklärt ihre Weinkrämpfe«, zudem wollte er wissen: »Haben wir ihr denn in dem Veränderungsprozess ein Umfeld gegeben, das zu ihrer Persönlichkeit passt?«

Der Geist bestätigte: »Ich habe schon ein wenig darauf geachtet. Frau Sikorsky muss ihre Initiativen ausleben können. Sie sollte von Detailarbeiten befreit werden und Gelegenheit bekommen, ihre Vorschläge machen zu können. Sie braucht den menschlichen Kontakt und eine freundliche und angenehme Arbeitsatmosphäre in ihrem Umfeld.«

Enders nickte lebhaft: »Stimmt, in ihrem Projekt konnte sie ihre Persönlichkeit gut einbringen. Sie führte ja einen regen Austausch mit den Personalexperten aus Belgien, und sie machte Vorschläge für ein neues Personalentwicklungsprogramm, das jetzt sogar konzernweit umgesetzt wird. Ich glaube, intuitiv habe *ich* sie an der richtigen Stelle eingesetzt.«

Der Geist lachte: »Ach, Jungchen. Dann gibt es noch den *stetigen Persönlichkeitstyp*. Dazu fällt mir als Erstes Herr Klawuttke ein, der mittlerweile leider nicht mehr zur Belegschaft gehört. Personen mit dieser Persönlichkeit konzentrieren sich gerne auf wenige Aufgaben und leiden besonders unter Konflikten in ihrem Umfeld, auf das sie in der Regel vermittelnd und beruhigend einwirken. Sie erscheinen ruhig und geduldig.«

Enders meinte dazu: »Na ja, bei Herrn Klawuttke konnten wir nichts falsch machen. Er hatte in unserem Veränderungsprozess ja keine aktive Rolle mehr.«

Der Geist brauste sofort auf: »Wie bitte? Hast du schon vergessen, was er für uns getan hat? Er hat in dem Projekt von Herrn Schulte wieder Ruhe einkehren lassen. Erinnere dich, das stand kurz vor dem Zusammenbruch. Er hat uns auch deshalb geholfen, weil ihm persönlich Konflikte besonders zuwider sind.«

Sofort lenkte Enders ein: »Gut, gut, ich weiß, ich habe ihm viel zu verdanken. Hatten Sie nicht noch einen vierten Typ erwähnt?«

Und der Geist erläuterte weiter: »Ja, den *gewissenhaften Persönlichkeitstyp*. Dazu zählen Personen, die alles kritisch prüfen, sich auf Details konzentrieren, analytisch und objektiv vorgehen und dabei Qualität und Genauigkeit schätzen. Ich denke, unser Herr Markmann aus der kaufmännischen Abteilung ist so ein Typ. In seinem Projekt konnte er seine Persönlichkeit gut entfalten. Er analysierte die ökonomischen Rahmenbedingungen bis ins Detail. Er hatte auch genügend Zeit, seine Aufgaben ordnungsgemäß durchzuführen.«

Enders rekapitulierte die vier verschiedenen Persönlichkeitstypen und sagte: »Wenn man die Persönlichkeit seiner Mitarbeiter kennt, kann man ihnen Aufgaben übertragen, die zu ihrer Persönlichkeit passen. Das habe ich verstanden. Aber leider fehlen mir die Fähigkeiten eines über hundert Jahre alten Flaschengeistes, solche Persönlichkeiten zu erkennen. Soll ich denn vor jedem Veränderungsprojekt einen Persönlichkeitstest durchführen?«

Der Geist bestätigte: »Warum denn nicht? Es gibt genügend gute Tests, die man ohne großen Aufwand durchführen kann. Man sollte sie nicht überbewerten, aber in der Regel geben sie schon erste Hinweise. Oft reicht es aber aus, seine Mitarbeiter bewusst wahrzunehmen. Man erkennt im Laufe der Zeit anhand der beobachteten Verhaltensweisen, wer welchem Persönlichkeitstyp entspricht.«

Enders mutmaßte: »Wenn ich nun aber viele Mitarbeiter führe, bedeutet das ja eine ganze Menge Arbeit.« Was der Geist zustimmend kommentierte mit: »Ja, Führungsarbeit eben.«

Enders wollte es nun persönlich für sich wissen: »Was ist denn nun die beste Persönlichkeit für mich, ich meine, welche Persönlichkeit sollte ich denn haben, um Karriere zu machen?«

Der Geist schüttelte den Kopf: »Jungchen, du hast offenbar noch nicht ganz begriffen. Es gibt keine guten oder schlechten Persönlichkeiten. Die Menschen sind zwar nicht gleich, wohl aber gleichwertig. Jeder Persönlichkeitstyp kann auf seine Weise in den Vorstand gewählt werden oder als Hilfsarbeiter enden. Wichtig ist, zu seiner Persönlichkeit zu stehen und sich ein passendes Umfeld zu suchen.«

Enders äußerte daraufhin: »Gut, aber nochmals zurück zu unserem Veränderungsprozess. Was kann ich als Veränderungsmanager denn noch tun? Wie kann ich die Kenntnis der Persönlichkeit nutzen, um die Leute bei der Stange zu halten?«

Der Geist freute sich: »Eine sehr gute Frage. Bevor wir uns das überlegen, zeichne du doch jetzt bitte eine Tabelle auf ein Blatt Papier, aus der die Beschreibung der Persönlichkeitstypen hervorgeht. Ich muss dringend noch ein paar Körperübungen machen.«

Enders schüttelte seinen Kopf, tat aber, worum er gebeten worden war.

Persönlichkeitstyp	Ideales Umfeld
Dominant ▪ Ergebnisorientiert ▪ Trifft gerne Entscheidungen ▪ Packt Probleme an ▪ Übernimmt gerne das Kommando	▪ Viel Bewegungsfreiheit ▪ Einflussreiche Position ▪ Wenig Kontrolle ▪ Wurchsetzungsmöglichkeit
Initiativ ▪ Hat immer neue Ideen ▪ Knüpft Kontakte ▪ Teammensch ▪ Zeigt Gefühle	▪ Gelegenheit, Vorschläge zu machen ▪ Menschlichen Kontakt ▪ Angenehme Arbeitsatmosphäre
Stetig ▪ Wirkt ruhig und geduldig ▪ Konzentration auf wenige Aufgaben ▪ Dämpft Aufregungen ▪ Vermeidet Konflikte	▪ Stabiles, beständiges Umfeld ▪ Festes, abgegrenztes Aufgabengebiet ▪ Geregelte Vorgehensweise

Gewissenhaft

■ Konzentration auf Details ■ Qualitätsorientiert ■ Analytische Entscheidungen ■ Objektive Betrachtung	■ Genaue Aufgabenbeschreibung ■ Ausreichend Zeit zur Aufgabenerledigung ■ Qualität der Arbeit steht im Vordergrund

Der Geist machte nach seinen Übungen einen sehr erschöpften Eindruck, lobte aber die Tabelle und fuhr fort: »Schauen wir uns die einzelnen Typen nacheinander an. Auf Folgendes solltest du achten, wenn du ihnen als Führungskraft im Veränderungsprozess gegenübertrittst:

Dominant

- Beschreibe das Veränderungsvorhaben anhand eindeutiger Ergebnisse.
- Kommuniziere klar und zielorientiert.
- Vermeide allgemeine theoretische Ausführungen über die Notwendigkeit der Veränderung.
- Enge den Mitarbeiter nicht durch zu viele Vorschriften ein, sondern definiere lediglich die Ziele und Teilziele, die zu einem bestimmten Zeitpunkt erreicht werden sollen.
- Zeige die Herausforderung auf, die die Veränderung mit sich bringt, und biete dem Mitarbeiter so die Möglichkeit, sich im Erfolgsfall als ›Sieger‹ zu fühlen.
- Ermögliche dem Mitarbeiter, im Veränderungsprozess möglichst schnell Ergebnisse zu erzielen.
- Lass den Mitarbeiter, so weit es geht, selbstständig arbeiten.
- Zeige die Gefahr auf, dass sein Verhalten möglicherweise die Gefühle anderer Teammitglieder verletzt.

Initiativ

- Nimm dir die Zeit, um Einfälle, Erfahrungen und Geschichten des Mitarbeiters anzuhören.
- Lege eindeutige Termine fest, an denen einzelne Maßnahmen der Veränderung beendet sein sollen.

- Versuche, bei der Teamzusammenstellung darauf zu achten, dass der Mitarbeiter in einem Umfeld tätig ist, das sich positiv und begeistert zeigt.
- Zeige dem Mitarbeiter Anerkennung auch unabhängig von den erzielten Teilergebnissen des Veränderungsprozesses, zum Beispiel hinsichtlich seiner Wirkung auf eine gute Teamstimmung.
- Versuche, dem Mitarbeiter solche Aufgaben zu übertragen, bei denen die persönliche Vernetzung von Bedeutung ist.
- Biete dich als Gesprächspartner an, wenn der Mitarbeiter seine Gefühle bezogen auf die Veränderung zum Ausdruck bringen möchte.
- Verdeutliche ihm, dass Unentschlossenheit oder häufig wechselnde Meinungen gerade in Veränderungsprozessen eher kontraproduktiv wirken.

Stetig

- Zeige Verständnis für den Stress in der momentanen Veränderungssituation und verweise auf die relative Stabilität nach der Veränderung.
- Achte darauf, dass der Mitarbeiter Zugang zu allen notwendigen Informationen bekommt.
- Gib ihm Zeit, seine Bedenken hinsichtlich der Veränderung zu formulieren. Plane einen festen Zeitraum ein, in dem über diese Dinge gesprochen werden kann.
- Zeige dem Mitarbeiter öfter Anerkennung, auch für kleine Erfolgsschritte beziehungsweise für seine geduldige Art, mit Problemen umzugehen.
- Lass dem Mitarbeiter möglichst viel Zeit, Probleme zu analysieren, bevor er selbst eine Lösung vorschlägt.
- Sprich mit dem Mitarbeiter die schrittweise Vorgehensweise in Teilprojekten durch.
- Frage nach, ob bestimmte Teamkonstellationen (Konflikte) ihn in seiner Arbeit belasten.

Gewissenhaft

- Erkläre dem Mitarbeiter sehr genau die logischen Zusammenhänge und die Gründe für den Einsatz einer bestimmten Methode im Veränderungsprozess.
- Versuche möglichst, das Spezialwissen des Mitarbeiters anzuerkennen.
- Gib ihm ein eindeutiges Zeitlimit für die Analyse bestimmter Sachverhalte.
- Mache deutlich, dass es in bestimmten Situationen effizienter wäre, rechtzeitig eine Entscheidung zu treffen, als noch länger zu warten, um die Entscheidung zu optimieren.
- Kommuniziere mit dem Mitarbeiter logisch und systematisch. Teile ihm möglichst zu Beginn den Zweck des anstehenden Gespräches mit.
- Übertrage ihm möglichst Aufgaben, bei denen die Qualität der Arbeit im Vordergrund steht.
- Weise auf bestimmte emotionale Wirkungen seiner Entscheidungen hin. Diskutiere sie mit ihm in einer sachlichen Form, die ihm entgegenkommt.«

Enders schrieb alles mit, was der Geist ihm eben unterbreitet hatte. Er war kaum mitgekommen, so schnell hatte der Geist geredet. Überhaupt schien es ihm, dass der Geist zum ersten Mal ein Interesse daran hatte, das Gespräch von sich aus zu beenden.

Schließlich sagte der Geist: »Wenn du die Persönlichkeit deiner Mitarbeiter kennst, kannst du sie effizienter in den Veränderungsprozess einbinden. Wenn du mich jetzt aber bitte alleine lassen könntest …«

Enders hatte verstanden, er verließ das Turmzimmer. Dabei machte er sich Sorgen um den Geist, der sich in letzter Zeit schon etwas eigenartig benahm.

Methode: Nutzung des Persönlichkeitstyps

Erster Schritt: Beobachtung des Mitarbeiters. Führen Sie ein Gespräch mit Ihrem Mitarbeiter über seine bisherigen Arbeitsaufgaben in dem aktuellen Veränderungsprozess. Achten Sie dabei auf bestimmte Äußerungen, die Grundtendenzen seiner Persönlichkeit widerspiegeln.

Dominant ■ ergebnisorientiert ■ leicht erregbar ■ zielstrebig ■ packt Probleme an ■ benötigt Freiraum ■ entscheidungsfreudig	**Initiativ** ■ kontaktfreudig ■ möchte beliebt sein ■ gibt Anregungen ■ wirkt lebhaft ■ will mitreden ■ teilt Gefühle offen mit
Stetig ■ liebt Ordnung ■ spezialisiert sich gerne ■ zuverlässig ■ meidet Konflikte ■ ruhig, geduldig ■ kann gut zuhören	**Gewissenhaft** ■ qualitätsorientiert ■ detailorientiert ■ analytisch denkend ■ liebt klare Regelungen ■ kritisch ■ findet Fehler

Zweiter Schritt: Ermitteln des Persönlichkeitstyps. Schätzen Sie den Mitarbeiter hinsichtlich seiner Persönlichkeit ein und diskutieren Sie mit ihm darüber. Geben Sie ihm in jedem Fall das letzte Wort hinsichtlich der Persönlichkeitsbeurteilung. Es sind Mischformen möglich. Manchmal möchte sich ein Mitarbeiter überhaupt nicht festlegen. Machen Sie immer wieder deutlich, dass der Persönlichkeitstyp in keiner Weise als Wertmaßstab zu sehen ist.

■ **Dritter Schritt: Gestaltung des Umfeldes.** Versuchen Sie, das Umfeld des Mitarbeiters so zu gestalten, dass es besser zu seiner Persönlichkeit passt. Diskutieren Sie auch mögliche Gefahren, denen ein bestimmter Persönlichkeitstyp im Veränderungsprozess gegenübersteht (s. folgende Übersicht).

Mögliche Gefahren in Veränderungen

Dominant

- Verantwortung wird ungern abgegeben
- Mangelnde Sensibilität hinsichtlich der Gefühle anderer
- Risiken werden übersehen
- Details werden nicht ausreichend betrachtet

Initiativ

- Angst vor Ablehnung durch die Kollegen
- Dinge werden nicht konsequent zu Ende gebracht
- Sehr subjektive Einschätzung der Veränderung
- Sichverzetteln in zu vielen Aufgaben

Stetig

- Neigung, am Gewohnten festzuhalten
- Sehr langes Abwägen bis zur Entscheidung
- Fehlende Entschlossenheit
- Starke Abhängigkeit von guten menschlichen Beziehungen

Gewissenhaft

- Verzettelung in Einzelheiten
- Risikoscheu, Angst, Fehler zu machen
- Vorsichtige und eher pessimistische Denkweise
- Vorschriften werden konsequent eingehalten

Die hier verwendete Persönlichkeitstypologie basiert auf dem DISG-Persönlichkeitsmodell (s. »Das neue 1 × 1 der Persönlichkeit« von Lothar Seiwert und Friedbert Gay, 2004).

Kapitel 17: Der Abschied

Wie man durch Regelungen den Veränderungserfolg sichert

Enders dachte an seine Zeit in Kleinberghofen zurück: Welch starker Gegenwind hatte ihm hier anfangs ins Gesicht geblasen. Was hatte es nicht alles für Widerstände gegeben, die zu überwinden waren. Unzählige schlaflose Nächte hatte er verbracht. Schier unglaubliche Schwierigkeiten hatte er zu überwinden gehabt.

Jetzt auf einmal schienen alle Sorgen wie weggeblasen. Die Veränderungen waren alles in allem erfolgreich durchgeführt worden. Das Kleinberghofener Dunkelbier war fester Bestandteil des Produktportfolios des belgischen Mutterhauses geworden. Der Name des Bieres war erhalten geblieben, genauso wie die Art der Herstellung. Selbst bei der Auswahl des Hopfens hatte man die hohen Qualitätskriterien durchsetzen können.

Die ökonomische Situation verbesserte sich von Woche zu Woche. Es gab immer mehr Anfragen aus anderen Städten, die dieses Bier auch in ihren Gaststätten ausschenken wollten. Eine große Handelskette bot einen Vertrag an, dieses Bier in ihr Produktsortiment aufzunehmen. Die Vision war zwar noch nicht ganz erreicht, aber man war ihr schon nahe gekommen.

Die Tätigkeit der Mitarbeiter orientierte sich weitestgehend an dem, was sie vor dem Veränderungsprozess gemacht hatten. Herr Markmann übernahm die kaufmännische Leitung der Niederlassung. Frau Sikorsky behielt die Personalleitung in Kleinberghofen. Sie entwickelte zusammen mit Frau Schröder ein Personalentwicklungsprogramm. Dr. Klingbeil behielt die Qualitätssicherung in seinem Verantwortungsbereich. Er war jetzt aber nicht nur für das Dunkelbier zuständig, sondern auch für andere Biersorten.

Herr Schulte, der Braumeister, behielt ebenfalls seine Funktion. Einige seiner Mitarbeiter, Herr Huber, Herr Kreutzer und der gute Herr Krotzmeier, genannt Krotzi, waren mit der Planung einer neuen Produktionsanlage beschäftigt. Frau Giesicke, die Computerspezialistin, macht eine kaufmännische Fortbildung, um anschließend in der Abteilung von Herrn Markmann tätig zu werden. Die Auszubildenden führten ihre Lehre fort. Jochen Bröge, der kurz vor seinem Abschluss stand, plante, ein sogenanntes Auslandsjahr in Belgien zu absolvieren. Diese Möglichkeit gab es aufgrund des neuen Personalentwicklungsprogramms.

Enders wusste, wem er den Erfolg zu verdanken hatte. Er ging deshalb mit einem Blumenstrauß und einer zehn Liter fassenden original Kleinberghofener Bierflasche in das Turmzimmer. Er hatte ein etwas ungutes Gefühl, da sich der Geist beim letzten Treffen schon sehr eigenartig benommen hatte.

Regeln regeln den Veränderungsprozess

Als Enders das Turmzimmer betrat, sah er den Geist wieder diese komischen Turnübungen machen, bei denen er sich zusammenzog und wieder aufblähte. Als er eintrat, unterbrach der Geist sogleich sein Sportprogramm, statt aber freudig die Geschenke anzunehmen, hob er den Zeigefinger und polterte: »Das ist genau der Fehler, der bei vielen Veränderungsprojekten gemacht wird: Der Gesamterfolg wird zu früh erklärt. Du lässt dich hier feiern, bist demnächst über alle Berge, und wenn hier irgendetwas schiefläuft, ist es nicht deine Schuld, sondern die deines Nachfolgers.«

Enders stellte die schwere Bierflasche ab und setzte sich. Er fragte: »Was soll ich denn um Himmels willen, Entschuldigung, ich meine um Gottes willen, Entschuldigung, ich meine, was soll ich denn tun?«

Der Geist antwortete: »Erinnerst du dich noch an die Zeichnung mit der Kugel, die man während der Veränderung nach oben rollen musste? Ich habe dir hier noch einmal eine ähnliche Zeichnung vorbereitet.« Er legte Enders folgendes Bild vor:

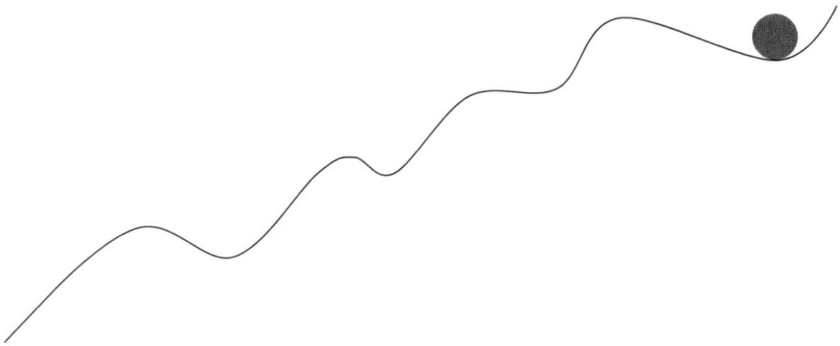

Der Geist führte aus: »Siehst du, Jungchen, die Kugel kann nicht mehr von alleine zurückrollen. Wenn wir dieses Bild auf unseren Veränderungsprozess übertragen, so dürften sich die neu erlernten Verhaltensweisen der Mitarbeiter nicht wieder ändern. Hast du das sichergestellt?«

Enders nickte: »Ich gehe doch davon aus …«

Doch der Geist bohrte nach: »Das reicht nicht, Jungchen. Es müssen Regelungen etabliert werden, die ein Abrutschen in frühere Verhaltensweisen verhindern. Kennst du den Unterschied zwischen Regelung und Steuerung? Bei einer Steuerung gibt es jemanden, der aktiv werden muss, der also steuert. Bei einer Regelung braucht niemand von außen einzugreifen. Der Thermostat ist ein gutes Beispiel. Es wird eine vorgegebene Zimmertemperatur eingestellt, und fertig. Wenn die Temperatur im Zimmer absinkt, wird automatisch ein Brenner angeworfen, der die Temperatur wieder auf den Zielwert treibt. Du brauchst nichts weiter zu machen. Eine solche Regelung brauchen wir auch für unsere Veränderung.«

Enders warf ein: »Wir hatten es bei unserem Veränderungsvorhaben doch weniger mit technischen Problemstellungen zu tun.«

Wieder einmal musste der Geist ihm das näher erklären: »Für das Verhalten der Mitarbeiter gilt genau das gleiche Prinzip. Ich gebe dir ein Beispiel: Wir hatten zu meiner Zeit einen Fuhrunternehmer, der unser Bier zu bestimmten Dorffesten in der Umgebung lieferte. Er war als geizig bekannt. Er wartete seine Kutschen nur sehr unzureichend und ersetzte kaputte Teile oft nicht. Es war also nur eine Frage der Zeit, bis eine Kutsche zusammenbrechen würde. Genau das passierte, als unser Bier in das Nachbardorf gebracht werden sollte, wo gerade das Erntedankfest gefeiert wurde. Die Kutsche zerbrach und unser Bier erreichte sein Ziel nicht. Wir waren ganz schön sauer auf den Fuhrunternehmer. Danach etablierten wir einfach eine Regel: Wir verdonnerten den Fuhrunternehmer dazu, uns den Verdienstausfall zu ersetzen, wenn wieder so etwas passieren sollte. Du glaubst gar nicht, wie sorgfältig fortan die Kutschen gewartet wurden.«

Enders bestätigte: »Ja, mit solchen Sanktionen lassen sich Regeln etablieren.«

Der Geist fuhr fort: »Es existieren in jedem Unternehmen zahllose offene und geheime Regeln. Letztere sind nirgendwo schriftlich niedergelegt und dennoch bilden sie für den Mitarbeiter eine klare Richtschnur seines Handelns. Es gibt genügend subtile Formen von Sanktionen, die regelkonformes Verhalten unterstützen oder regelwidriges Verhalten verhindern. Negative Sanktionen reichen vom Kopfschütteln bis zum Teamausschluss. Regeln haben ein gewisses Beharrungsvermögen. Im Rahmen eines Veränderungsprozesses muss nun sichergestellt werden, dass alte Regeln die Veränderung nicht behindern. Daneben ist es wichtig, neue Regeln zu etablieren, die einen Rückfall in alte Verhaltensweisen unmöglich machen.«

Enders war das noch nicht klar: »Können Sie mir Beispiele für solche Regeln in unserem Veränderungsprozess nennen?« Die nannte ihm der Geist: »Denk nur an das Verhalten von Herrn Markmann. Er kontrollierte seine Mitarbeiter mehr, als es notwendig war. Er tat dies nicht aus übertriebenem Misstrauen, sondern er empfand es einfach als eine Kernaufgabe seiner Leitungstätigkeit. Seine Mitarbeiter waren daraufhin vor allem bedacht, keine Fehler zu machen. Und je weniger sie unternahmen, desto weniger Fehler konnten sie machen. Aber: Nach der Veränderung suchen wir Mitarbeiter, die risikobereit und selbstverantwortlich sind. Es reicht dabei nicht aus, diesen Verhaltenswunsch in unsere neue Broschüre zu schreiben. Das Verhalten muss von den Führungskräften positiv sanktioniert werden. Hast du Herrn Markmann diesbezüglich schon ins Gewissen geredet, damit er seinen Führungsstil ändert?«

Enders gab zu: »So explizit habe ich das noch nicht …«

»Jungchen, wenn hier ein neuer Wind wehen soll, dann müssen alte Mauern in den Köpfen der Mitarbeiter abgerissen werden.«

Und der Geist fuhr fort: »Ein weiteres Beispiel: Wir hatten in der Vergangenheit eine Regel, die besagte, dass man sich möglichst heimatverbunden auf seine Stärken besinnen sollte. Alles Neue wurde als Teufelszeug verflucht. Diese Regel können wir in einer globalen Welt aber nicht brauchen. Ist jetzt durch die Führungsmannschaft sichergestellt, dass neue Initiativen willkommen sind?«

Enders meinte: »Also, implizit ist das schon vielen Führungskräften bewusst.«

Der Geist meckerte: »Implizit, explizit, was druckst du denn hier rum? Eine Regel ist dann etabliert, wenn die Sanktionsmechanismen allen bekannt sind. Wenn also beispielsweise die Mitarbeiter neue Vorschläge einreichen, dann sollten sie dafür öffentlich anerkannt und gefördert werden. So entwickelt sich langsam eine neue Regel, die da lautet: Wenn ich mich im Unternehmen engagiere und neue Ideen produziere, werde ich beruflich gefördert.«

Enders konnte das nachvollziehen: »Ja, aber solche Regeln ändern sich nicht von heute auf morgen.«

Der Geist half ihm weiter auf die Sprünge: »Stimmt, aber die Sanktionsformen kann man sehr schnell ändern. Wir hatten zum Beispiel eine inoffizielle Regel in der alten Brauerei, die besagte, dass man möglichst über eine längere Zeit die gleichen Aufgaben durchführen sollte. Das steigerte die individuelle Kompetenz und das Ansehen der Mitarbeiter. – Diese Regel müssen wir jetzt unbedingt ändern. Wir sollten Jobrotationprogramme nicht nur anbieten, sondern sie auch positiv sanktionieren. Wer daran teilnimmt, könnte beispielsweise einen Gehaltsbonus erhalten.«

Enders fragte nach: »Lassen sich denn Regeln nur über Sanktionen etablieren?«

Und der Geist antwortete: »Nein, wie ich dir schon in einer unserer Sitzungen erläutert hatte, stehen Führungskräfte unter besonderer Beobachtung der Mitarbeiter. Sie können somit ein Vorbild für andere sein. Denk nur daran, welch kärgliches Los die Weiterbildung bei uns früher gespielt hatte. Sie wurde als Nachhilfeunterricht für Versager im Beruf angesehen. Wenn nun aber erfolgreiche Führungskräfte sofort an bestimmten Veranstaltungen teilnehmen, werden die Mitarbeiter unbewusst wahrnehmen, dass Weiterbildung etwas mit Erfolg zu tun hat.«

Enders blaffte: »Mir ist die Vorbildfunktion der Führungskräfte durchaus bekannt. Ich trinke schon literweise das Kleinberghofener Dunkelbier. Die Lektion habe ich gelernt.«

Der Geist lobte ihn: »Gut, Jungchen, aber denk daran, erst die richtigen Regeln stellen sicher, dass der Change-Prozess ein nachhaltiger Erfolg bleibt und nicht wie eine Seifenblase gleich bei der erstbesten Erschütterung wieder zerspringt.«

Enders wollte sich nun aber endlich bei dem Geist bedanken, so nahm er wieder den Blumenstrauß und die überdimensionierte Bierflasche in die Hand und sagte: »Lieber Herr, äh, lieber Flaschengeist, der Veränderungsprozess neigt sich nun dem Ende zu. Es war nicht immer leicht mit Ihnen, aber ich möchte doch sagen, ich habe viel von Ihnen gelernt. Dafür möchte ich mich mit diesen kleinen Präsenten bedanken.«

Der Geist sagte mit gerührter Stimme: »Danke, Jungchen, ich habe es ja nicht nur für dich gemacht, sondern für unsere Brauerei. Was machst du denn jetzt eigentlich? Steht der nächste Karriereschritt schon fest? Wenn du in Belgien Verantwortung übernimmst, wirst du unser Kleinberghofen wahrscheinlich schnell vergessen.«

Doch Enders widersprach: »Das glaube ich nicht. Als ich gestern über unseren Betriebshof ging, kam ein Mitarbeiter nach dem anderen auf mich zu und bedankte sich. Damit hatte ich nicht gerechnet. Es waren nicht nur die Führungskräfte, sondern auch Mitarbeiter, mit denen ich gar nicht viel zu tun gehabt hatte. Alle kamen und bedankten sich bei mir. Manche lobten mich, andere schüttelten mir nur wortlos die Hand. Das waren sehr bewegende Momente.«

Der Geist freute sich: »Siehst du, Jungchen, auch wenn man manchmal unpopuläre Entscheidungen treffen muss, am Ende sind die Mitarbeiter doch sehr dankbar, wenn es sich für sie lohnt.«

Enders sagte gerührt: »Sie sind einfach auf mich zugekommen und haben sich bei mir bedankt.«

Da wollte der Geist wissen: »Sag, Jungchen, ist dir das denn vorher noch nie passiert?«

Enders bestätigte: »Sie haben sich bei mir bedankt und mich gelobt, ohne dabei ein eigenes Interesse zu verfolgen. Nein, so ein Verhalten ist mir ehrlich gesagt noch nicht vorgekommen.«

Der Geist murmelte nur: »Jungchen, Jungchen.«

Und Enders fuhr fort: »Die Auszubildenden haben mich gebeten, noch eine Weile die Leitung hier zu übernehmen. Auch die Führungskräfte und die Mitarbeiter stimmten in diese Forderung ein. Ich habe mich daraufhin entschlossen, das nächste Jahr noch hierzubleiben. Das Ganze hat mich emotional so ergriffen, dass ich einfach nicht anders konnte. Ich durfte die Belegschaft doch nicht enttäuschen. Was sagen Sie dazu?«

Der Geist antwortete nicht. Er war zu sehr mit sich selbst beschäftigt. In immer stärkerem Ausmaß zog er sich zusammen und blähte sich wieder auf. Es war im wahrsten Sinne des Wortes gespenstisch anzusehen. Die Änderung seines Volumens war unglaublich. In dem Moment, als sich der Geist am meisten zusammenzog, war er nicht größer als der Blumenstrauß. Als er sich aufblähte, umspannte er fast die gesamte Decke des Raumes. Enders zuckte bei dem Anblick immer mehr zusammen und verkroch sich in eine Ecke. Schließlich fragte er zaghaft, was der Geist denn da eigentlich mache.

Nach einiger Zeit presste der Flaschengeist eine kurze Antwort heraus: »Es ist so weit, Jungchen. Ich gehe zurück in meine Flasche. Könntest du bitte den Keramikverschluss fest zumachen, wenn ich wieder in der Flasche verschwunden bin?«

Enders war schockiert. Erst nach einer Weile stammelte er: »Was? Wie? Warum? Warum denn bloß, um Himmels willen?«

Geist: »Eben darum. Weil der Himmel es so will.«

Enders schluckte und der Geist tröstete ihn: »Meine Aufgabe ist hier erfüllt. Vielleicht wird es wieder ein paar Hundert Jahre dauern, bis ich hier erneut erscheine. Im Moment werde ich hier jedenfalls nicht mehr gebraucht. Du hast viel gelernt, Jungchen, nicht nur fachlich, sondern auch menschlich. Vergiss nie, das Wichtigste ist und bleibt, dass du im Herzen voll und ganz hinter der Veränderung stehst.«

Enders brachte kein Wort heraus. Der Geist zog sich jetzt unter lautem Getöse so stark zusammen, dass er in die Flasche passte, aus der er einst hervorgekommen war. Es sah so aus, als wenn ihn ein unglaublicher Sog erfasste und in die Flasche zurückzog. Stumm und mit einer Träne im Auge tat Enders, wie ihm geheißen war, und verschloss jene alte Flasche Kleinberghofener Dunkelbier.

Methode: Diagnose und Änderung der geheimen sozialen Regeln

Erster Schritt: Vorhandene Regeln ermitteln. Regelwissen ist bei den Mitarbeitern zwar latent vorhanden, aber nicht bewusst gespeichert. Nur über einen »Blick von außen« lassen sich bestehende Regeln erfassen. Folgende Fragestellungen an Mitarbeiter und Führungskräfte sind dabei hilfreich:

- Welches Verhalten tritt immer wieder auf?
- Wofür werden Mitarbeiter positiv sanktioniert? Wofür erhalten Sie Anerkennung? Welches Verhalten dient ihrer Karriereentwicklung?
- Wofür werden Mitarbeiter negativ sanktioniert? Was ruft Kritik oder Ablehnung hervor? Welches Verhalten ist karriereschädlich?
- Was muss ein neuer Mitarbeiter in Ihrem Unternehmen lernen, damit er nicht negativ aneckt?
- Was hat Sie überrascht, als Sie neu in dem Unternehmen angefangen haben?

Unter bestimmten Rahmenbedingungen können auch Rollen- oder Theaterspiele hilfreiche Erkenntnisse bringen.

Zweiter Schritt: Beurteilung der Regeln. Bestehende Regeln sind danach zu beurteilen, ob sie den Zielen des Veränderungsprozesses entsprechen oder ob sie eher kontraproduktiv sind. Dazu ist zunächst die zukünftige Unternehmenskultur zu definieren, um daraus wünschenswerte Verhaltensweisen abzuleiten. Folgende Fragestellungen sind dabei hilfreich:

- Welches grundsätzliche Verhalten der Mitarbeiter ist wünschenswert?
- Nach welchen Prinzipien sollten Entscheidungen gefällt werden?
- Wie sollte sich die ideale Führungskraft verhalten?

- Durch welches Verhalten kann den Kundenanforderungen am ehesten entsprochen werden?
- Welches Verhalten erfordert die aktuelle Unternehmensstrategie?

Dritter Schritt: Etablierung neuer Regeln. Wenn bestimmte Regeln ersetzt werden müssen, sind folgende Maßnahmen erforderlich:

- Offizielle Bekanntmachung der neuen Regeln in Präsentationen, Unternehmensleitsätzen und sonstigen Unternehmensschriften.
- Bewusstes Übertreten überkommener Regeln durch Mitarbeiter mit hoher Autorität im Unternehmen (Führungskräfte).
- Öffentliche Anerkennung und Belobigung der Mitarbeiter auf Basis der Einhaltung neuer Regeln.
- Mitarbeiter, die sich den neuen Regeln entsprechend verhalten haben, sollten vorrangig befördert werden.
- In den Personalanzeigen für neue Mitarbeiter sollten Verhaltensweisen erwähnt werden, die den neuen wünschenswerten Regeln entsprechen.
- Vorbildfunktion der Geschäftsleitung.

Kommentiertes Literaturverzeichnis

Buckingham, Marcus/Clifton Donald O. (2001): Now, discover your strengths. How to develop your talents and those of the people you manage. London: The Gallup Organization.
Aufbauend auf einer Vielzahl von Interviews, die die Gallup-Organisation durchgeführt hat, werden vierundvierzig verschiedene Stärken beschrieben, die jeder einzelne Mitarbeiter mitbringen kann. Dabei handelt es sich nicht um die »handelsüblichen« Begriffe, die in Personalanzeigen zu finden sind. Wenn die Stärken der Mitarbeiter in geeigneter Weise berücksichtigt werden, vollzieht sich der Veränderungsprozess einfacher und effizienter.

Cialdini, Robert B. (⁵2007): Die Psychologie des Überzeugens. Ein Lehrbuch für alle, die ihren Mitmenschen und sich selbst auf die Schliche kommen wollen. Bern: Huber.
An einer Vielzahl von alltäglichen Beispielen werden unterschiedliche Formen der Beeinflussung beschrieben. Durch die hervorragende Gliederung wird das an sich komplexe Thema sehr übersichtlich dargestellt. Um Mitarbeiter auf dem Weg der Veränderung mitzunehmen, sollte man auf die hier beschriebenen »Anregungen« nicht verzichten.

Doppler, Klaus (2003): Der Change Manager. Sich selbst und andere verändern – und trotzdem bleiben, wer man ist. Frankfurt am Main und New York: Campus.
Die Situation eines Change Managers, der sich selbst und andere verändern möchte, wird im ersten Teil eher grundsätzlich beschrieben. Im zweiten Teil werden dann Techniken und Hilfsmittel dargestellt, die richtige mentale Einstellung als Change Manager zu finden und beizubehalten.

Fisher, Roger/Sharp Alan (1998): Getting it done. How to lead when you're not in charge. New York: HarperCollins.
Zielgruppe dieses Buches sind Personen, die Führungsaufgaben übernehmen wollen und keine hierarchischen Machtbefugnisse haben. Dies trifft genau die Situation vieler Veränderungsmanager. Insbesondere die Beschreibungen zu den Visionen und zum Feedback sind in Veränderungssituationen gut anwendbar.

Hartkemeyer, Martina und Johannes/Dhority, Freeman L. (³2006): Miteinander denken. Das Geheimnis des Dialogs. Stuttgart: Klett-Cotta.
Es werden die zehn Kernfähigkeiten vorgestellt, die einen guten Dialog ausmachen. Beispiele aus dem Alltag, der Schule und anderen Organisationen werden angeführt. Der Dialog als Kommunikationsform in Veränderungsprozessen verhindert Missverständnisse und entwickelt die Mitarbeiter von Betroffenen zu Beteiligten.

Johnson, Spencer (2003): Die Mäuse-Strategie für Manager. Veränderungen erfolgreich begegnen. Kreuzlingen/München: Hugendubel.
Auf amüsante und einfache Weise werden hier unterschiedliche menschliche Charaktere dargestellt. Insbesondere die Frage, wie man mit Angst umgeht, wird thematisiert. Es ist ein versteckter Aufruf, nicht die Augen zu verschließen, sondern sich den Veränderungen zu stellen.

König, Eckard/Volmer, Gerda (2009): Handbuch Systemisches Coaching. Für Führungskräfte, Berater und Trainer. Weinheim und Basel: Beltz.
Eine gut strukturierte Einführung in die Coachingpraxis. Die hier dargestellten Phasen eines Coachinggespräches – Orientierungsphase, Klärungsphase, Veränderungsphase und Abschlussphase – lassen sich gut auf das Coaching in Veränderungssituationen übertragen.

Kotter, John P. (2005): Leading Change. Boston, Massachusetts: Harvard Business School Press.
Ein grundlegendes Werk zur Durchführung von Veränderungsprojekten. Anhand von typischen Fehlern wurde ein Acht-Stufen-Prozess entwickelt. Indem die beschriebenen Fallstricke vermieden werden, lassen sich Veränderungen erfolgreich durchführen.

Kotter, John P./Cohen, Dan S. (2002): The Heart of Change. Real-Life stories of how people change their organization. Boston, Massachusetts: Harvard Business School Press.
Es wird in diesem Buch eine Fülle von echten Veränderungsvorhaben beschrieben. Die Beispiele zeigen, was man in Veränderungsprozessen falsch und richtig machen kann. Es wird die Bedeutung des »menschlichen Faktors« hervorgehoben.

Malik, Fredmund (^{6}2000): Strategie des Managements komplexer Systeme. Bern: Haupt.
Die Darstellung der systemisch-evolutionären Denkweise im Management bildet die Grundlage der Gestaltung von Veränderungsprozessen. Das Dilemma, etwas planen zu müssen, was nicht 100% planbar ist, wird durch umfassende theoretische Hintergrundinformationen beleuchtet.

Seiwert, Lothar/Gay, Friedbert (2004): Das neue 1×1 der Persönlichkeit. Sich selbst und andere besser verstehen mit dem DISG-Modell. München: Gräfe und Unzer.
Es werden unterschiedliche Persönlichkeitstypen vorgestellt. Man kann einen Selbsttest machen und erfährt Hinweise zu präferierten Verhaltenstendenzen, persönlichen Werten und der eigenen Motivationsstruktur.

Vester, Frederic (^{7}2001): Die Kunst, vernetzt zu denken. Ideen und Werkzeuge für einen neuen Umgang mit Komplexität.
Eine gute Einführung in die Welt des vernetzten Denkens. Es werden Strategien im Umgang mit komplexen Problemen beschrieben. Gerade in der Zielfindung von Veränderungsvorhaben sind die hier vorgestellten Denkansätze und grafischen Darstellungsformen sehr wertvoll.